30個不可不知的細胞免疫處方箋

全面了解細胞、免疫、病毒相關知識，當個聰明的病人

王泰允 編著

目錄

CONTENTS

CONTENTS

Part 2
人體免疫系統之認識

Part 3
免疫細胞治療的深入了解

Part 4
免疫與病毒之相關醫療課題

CONTENTS

推薦序
FOREWORD

免疫學的入門課本
——— 陳光耀

　　1958 年 7 月成立台北榮民總醫院，1962 年加建放射治療科，本人參與江澤春主任和芝加哥大學 Paul C. Hodges 客座教授領導的放射治療創科業務。那個時代惡性腫瘤治療只有手術切除和放射治療兩個支柱，對不同的病種有一定比例的腫瘤治癒率。當 1967 年 7 月到 1971 年 8 月本人在美國德州大學 MD 安德森癌中心進修時，實體腫瘤的化學治療和免疫治療正開始進入臨床研究和應用。由於化療對腫瘤並無治癒能力且毒性太大，讓我一度醉心於免疫治療，於是加入純種小鼠和移植腫瘤的免疫學研究，發表研究論文，並以論文倡導放射線照射腫瘤，然後加免疫治療，以爭取合併治療的潛在優勢，也就是本人畢生推動「無創無毒治癌防癌」的初心。

　　後來醫學界發現腫瘤免疫學遠比當初了

解的複雜，最早企圖用抗腫瘤的抗體疫苗治療惡性腫瘤，效果極為輕微，亦即強化體液免疫力中的抗體化學分子，可以對抗一些微生物感染的疾病如天花、破傷風、小兒麻痺，但不足以殺死癌細胞。1971 年 9 月，本人離開美國回到台北的母校和母院，繼續以放射線治療癌病為主的教學和臨床工作，加上參與陶聲洋防癌基金會的公益活動，密切關注免疫治癌的應用發展。1970 年代起，經過十多年的研究，台灣是全球第一個全民 B 型肝炎疫苗接種，以中止母嬰垂直感染的國家，成功的預防了 B 型炎病毒引起的肝炎，也預防了隨肝炎而來的肝硬化和肝癌。最近十年很多先進國家包括我國，推動少女（和少男）免費注射 HPV（人類乳突病毒）疫苗，以預防口咽上呼吸消化道及會陰生殖器官和肛門直腸的惡性腫瘤，但企圖以免疫學原理治療實體腫瘤，卻面臨極大的挑戰。

經過五十年的抗癌免疫治療研究，最大的成就是體液免疫系統之外，發現了細胞免疫系統，不過要辨識和殺死結構和正常細胞極度相似的癌細胞，卻困難重重，何況一公分大的腫瘤已含有十億個癌細胞，所謂十億細胞瘤，如無大兵團的殺手細胞，要消滅百萬細胞瘤甚至千細胞瘤都不容易，而發展到晚期的腫瘤已是形成百億細胞瘤甚至千億細胞瘤。有了腫瘤癌細胞數字的觀念，在體外培養和擴增各種免疫殺手細胞並多次回輸到癌患體內，成了免疫細胞治療的顯學。這又回歸到我的專業和主張：「無創無毒治癌防癌」的策略，影像看得見的腫瘤，用一次、低次的放射線照射，如伽馬刀、電腦刀、硼中子治療

和碳離子（重離子）治療，也稱為放射外科，以放射線當刀用；影像看不見的少量癌細胞，交給免疫細胞治療。腫瘤免疫學發展到這個階段，新的觀念和新的英文名詞不斷出現，而我們國家又沒有專責的中文翻譯機構，因此很多英文名詞的中文定義不清，構成學者間及醫師和病人間的溝通困難。

一個月前看到王泰允先生即將出版的書稿，拜讀之下，大為驚歎和佩服，怎麼一位非醫師、非免疫學專門學者，能有耐心和功力，把基礎免疫學和應用免疫學，特別是免疫細胞治療學採用的英文名詞，參考海峽兩岸慣用的中譯名，把六十年來發展的精要，以非常接地氣的方式說個清楚。衛生福利部在 2018 年 9 月 6 日公布了《特定醫療技術檢查檢驗醫療儀器施行或使用管理辦法》（《特管法》），開放了六大類自體細胞治療項目，因此醫療界、業界和病人和大眾之間，針對惡性腫瘤、創傷、退化性疾病需要大量資訊的溝通和討論，這本書的出版非常適合社會所需。本書的出版，原意雖然定為科普類書籍，但書寫的嚴謹度和全面性，對醫事相關人員可視為基礎和免疫學的入門課本，甚至是身邊的備用手冊，以協助了解一知半解的最新資訊。

陶聲洋防癌基金會董事長
陳光耀

推薦序

FOREWORD

精準治療的「葵花寶典」

—— 謝瀛華

　　最近以來，藝人的辭世、罹癌消息，激發社會大眾對健康的疑慮。大家如何在各行各業打拼之餘，不忘重視自身免疫能力，確實是一大課題。所謂「人無百日好，花無百日紅」，生、老、病、死既是人類在所難免，保持樂觀和積極的人生觀，培養良好的醫藥保健知識，是作為一個現代人的必修課程，不要等生病了，再去找醫生，平常就該關心自己身體作例行健檢，常可發現不少慢性病。疾病的種類很多，為了要篩檢出每種可疑的疾病，有關免疫系統的健檢，是一種高 CP 值保健之道。

　　我的同學，王泰允兄才氣高厚，專業無出其右。王兄出本書的目的，可讓同業專業交流及衛教使用。精心鉅作，費時三年完成，詳細看完後，令人感動不已，在此寫個

推薦文,且呼應其相關內容。就疫情作充分發揮,本書把「再生醫療三法」上路及「疫情後」免疫養生、防治等時勢結合,真是發揮了最大實用價值。

本書內容精彩,條理分明,主要內容和學理一致性,令人驚豔,並解答了細胞和免疫的秘密,讓人一目了然,耳目一新,詮釋艱辛的細胞學到如此深入淺出,更加易懂易學,真是大大功德一件。

王兄的這本專書,提供給我們預防保健的機會,也給我們精準治療的「葵花寶典」,一兼二顧,可說是養生必備、闔家安康的最佳研讀好書了。僅在此惠心推薦,也盼能與大家一起學習,如此嶄新領域的細胞顯學,結合我們家庭醫學的預防保健之道,本書價值,更是如虎添翼,值得令人珍藏的一本佳作。

台灣社區醫學醫學會理事長
謝瀛華

推薦序

FOREWORD

細胞醫學是現在醫學的重大突破
—— 戴念梓

　　細胞醫學是現在醫學的重大突破，在過去大家都知道細胞是構成身體的基本基礎結構與單位，但過去的醫學沒有發展到用細胞來治療疾病，通常是用組織學的大範圍單位來進行外科手術或者是藥物治療。現在有了細胞治療，是基於對細胞結構功能的認識，與對細胞的處理技術進步，與對細胞的用途了解，因此終於醫學可以使用細胞為武器來治療各種疾病。

　　人出生是來自於一個受精卵，一顆細胞可以形成一個完整的人體，擁有各種器官各種系統與各種組織，各種分化而成的細胞各司其職相互支持。其中幹細胞是擁有各種協調能力，具有最強的再生能力，因此成為再生醫學的主角。另外免疫細胞是構成身體防衛系統的軍隊，沒有防衛系統人的身體將受

到各種侵害，主要來自於各種病毒與細菌還包含自身病變的癌細胞，可想而知免疫細胞的重要。因此，可以說再生醫學幹細胞與免疫細胞就是人體生生不息與對抗疾病的核心。深入了解這些細胞的內涵與價值，相當的重要也是目前細胞治療的根本。

王泰允先生對醫學和長照醫療長期以來投入心力，本人對他相當敬佩。此書對細胞治療與免疫治療的基礎科學多有著墨與深入介紹，絕對是一本重要的工具書。希望醫學進步的過程中，大家都能更了解細胞治療的重要，進而加速促進健康醫療的發展。

前三總細胞治療中心主任
戴念梓

自序

PREFACE

知道愈多，
期活得愈久愈健康

　　台灣開放細胞治療已超過四年，衛福部
正催生「再生醫療三法」（即《再生醫療發
展法》、《再生醫療施行管理條例》，及
《再生醫療製劑管理條例》），全力朝向產
業化方向發展。未來甚至會鬆綁定義，從原
本細胞來源限制只能用「人」的細胞，擴充
到「異種」及「基因細胞的衍生物」。目前
把所有再生醫療使用的細胞製劑分為四大
類，分別為基因治療製劑、細胞治療製劑、
組織工程製劑、以及複合製劑，並一律視為
「藥品」，以避免到底是醫材或藥品定義模
糊衍生爭議。藥事相關從業人員是否了解細
胞治療的內涵，即為著者編寫本書的主旨之
一。

　　細胞治療在台灣已發展四年多，但市場
接受度並不高。只因動輒數百萬元的昂貴治

療費用，又沒百分之百的治療成功率。猶記得一個新聞事件，廣達電腦某前任處長，幾年前加入某頂級健檢機構，三年前後花了 120 多萬，從沒檢測出肝癌，直到三年後他腹痛就醫，才發現已經肝癌末期，隔年病逝。家屬難以接受，提出控告，法院認定該診所失職。該處長以為每年一次全身健檢，預防重於治療，就能高枕無憂。其實第一年就發現有 0.5 公分肝囊腫，但從頭到尾只做過超音波，在這三年之中，都沒有做斷層掃描，雖 B 肝抗原指數異常，也只施打抗生素。三年後腹痛就醫才知得了肝癌末期。

上述案例，可給我們很多對醫療思想上的啟發。醫病雙方處在資訊不對等的天秤上，擁有豐富資訊的醫方，是有義務主動提供病患所需要的訊息，但同樣地，病患也有責任對自己的身體負責，充實疾病相關的醫療知識，當個聰明的病人。在很短的時間內，看很多的病人，是大部分台灣醫生的宿命。如何把握珍貴的看診時間，做最有效率的診斷及治療，除了仰賴醫生的經驗之外，病人事前做好「準備」，也有助於醫病的溝通。看病前要勤做功課，知識就是力量，這句話用在醫病關係上更是明顯。做個「用功」的病人，平時多閱讀醫藥相關的書刊雜誌，了解疾病的相關知識，及可能的治療方法。以上就是本書著作的主要目的，即協助社會大眾對細胞治療之相關議題有廣泛的認識，因為細胞治療是很昂貴又充滿變數的治療方法，對其作全面性的廣泛認識，有其必要性。

目前社會大眾一般只對幹細胞有模糊的組織修復概念，對

免疫細胞一般並不了解，正逢近年來新冠疫情肆虐，著者本人期盼透過人體免疫系統的解說，來介紹一般人所不了解的免疫細胞，並可對一般人從媒體獲得的模糊病毒及免疫醫療知識來推演，使更清楚了解原來新冠病毒的防治，和癌症免疫細胞治療，同樣源於免疫系統的運用。尤其近年來，自體免疫疾病的患者逐年增加，自體免疫疾病發生的根本原因，為自身免疫系統的「調節失去平衡」所造成的，其血液中缺乏多種「調節型」細胞，導致免疫反應無法被有效的控制，逕而造成疾病的發生。這些論點均是本書所廣泛性討論，期對社會大眾有更多的啟發性醫療思想。

　　本書第一部分先從細胞及外泌體的基本概念說起，再針對社會最關心健康的老年人立場，論述人體老化與細胞之關聯性，再進而就再生醫學的主角──幹細胞的相關議題作說明，並深入介紹間質及造血兩種主要的幹細胞類型，及社會大眾較有所耳聞的臍帶血幹細胞，最後再就當前產業發展的層面作論述。

　　第二部分是完全就科普的角度，對免疫學的基本概念作說明，尤其在當前全世界經歷新冠病毒疫情惶恐之後，提升免疫力已成為社會大眾關注焦點，唯有深入了解免疫學理論，才能真正了解免疫力的生物學意義。

　　第三部分所討論的是免疫細胞內容，亦是台灣目前醫界及生技產業的新興明星產業，是一般社會大眾完全不懂的領域，其結合了細胞學及免疫學的最新科學知識之應用。期在概要性

之說明後，讓讀者有較清楚的認識。

最後第四部分是對前三部分沒有談到的抗體及自體免疫疾病作補充說明，並進而總結本書對肆虐全球的新冠病毒作介紹，並援用前面免疫學概念作基礎，對當前在新冠病毒的治療方案作論述，作為本書科普的結尾。

著者從大學年少起即開始在台灣報章雜誌發表無數企業國際經營專論，並從事二十餘年國際企業經營事務專業顧問，然從五十歲頸椎出問題，即意識到財富已足夠餘生花用，而投入大量時間在醫學的鑽研，只為餘生作個聰明病人，並轉型作兩岸醫療相關專案顧問工作。在新冠疫情期間許多專案無法進行，遂有空閒完成本書編寫。在本月即將滿 65 歲，開始要步入老年的此刻出版此書，意義非凡。自我在遠流 1990 年出版的《企業購併實用》及 1992 年出版的《國際合作實用》，至今已超過三十年。

本書是著者近幾年搜集大量資料慢慢編寫而成，並在投入的顧問專案中作為科普及衛教使用。如今趁疫情閒餘在家將之擴充而出版。著者才疏學淺，這十幾年的專注於醫學探索下完成本書，內容上雖已經多方專家做嚴格審查，然錯誤疏漏自屬難免，期各方先進不吝指教。可透過 liantai2288@hotmail.com 與著者聯絡。本書的完成最應感謝我太太陳麗莉無盡的陪伴，我兒子王彥傑無窮的稚愛，此生無憾。

王泰允

Part

1

細胞

與幹細胞

之初識

1

細胞及外泌體的
基本概念

一、細胞的最基本分類及其特點

　　細胞是生物體結構和生理功能的基本單位，是具有完整生命力的生物的最小單位（病毒僅由 DNA/RNA 及蛋白質包裹其外而組成，通常不被視為生命）。細胞可分為兩大類，即原核細胞（prokaryotic cell）和真核細胞（eukaryotic cell）。細菌界和古菌界的生物，由原核細胞構成。真菌、植物、動物，及原生生物（protest）（前面三者以外之真核生物之統稱，包括藻類、變形蟲），均由真核細胞構成。

　　人體細胞約有近 60 兆個，直徑在 5μm（微米，是奈米的一千倍）到 200μm 之間，在顯微鏡下可清楚看見。病毒的直徑則 50 到 250 奈米間（約紅血球百分之一，頭髮的萬分之一），DNA（deoxyribonucleic acid，去氧核糖核酸）分子則小到只有 2 奈米。鴕鳥的卵細胞直徑可達 5 公分，人的坐骨神經細胞可長達 1 公尺。人體最大的細胞是成熟卵細胞，直徑可達 200 微米，淋巴球則只有 5 微米。

　　地球上生命最先是演化出原核細胞。真核細胞是在大約 21 億年以前才出現。真核細胞最大的特點，是其內部包含了

以膜封圍的細胞核,來存儲 DNA。真核一詞源自希臘語,前面 eu 是「真正的」(true)意思。原核(prokaryotic)是指「在細胞核出現之前」,pro 是「在……之前」(before)的意思。真核細胞的直徑(寬度)可達典型原核細胞的 15 倍。原核細胞和真核細胞的最大不同點是「細胞核」,其是遺傳物質 DNA 的所在地。細胞核是真核細胞命名的由來,它的意思是「真正有細胞核的細胞」。

二、人類對細胞了解上之演進

現代細胞理論的內容包括:所有生物均由一個或多個細胞組成;細胞由原已存在的細胞「分裂」而來;生物最重要的功能均在細胞內完成;所有細胞均有傳遞繁殖資訊所需的遺傳物質。

細胞(cell)一詞來源於拉丁語 cella,意為「狹窄的房間」。英國著名科學家羅伯特·虎克(Robert Hooke)最先使用該詞,作為描述性術語來表述「最小的生物組成結構」,在他 1665 年出版的書中,把透過顯微鏡所看到的軟木塞細胞,以僧院中僧侶所居住的小房間來比喻。其實他所觀察到的細胞早已死亡,僅看到殘存的植物細胞壁。

1674 年,雷文霍克以自製的鏡片,發現了微生物,他是歷史上第一個發現細菌的科學家。1809 年,法國生物學家拉馬克(Lamarck)提出「所有生物體都由細胞所組成,細胞裡面都含有些會流動的液體」,但當時並沒有具體的觀察證據,以支持這個說法。1824 年,法國植物學家杜托息

（Dutrochet）在論文中提出「細胞確實是生物體的基本構造」，因為植物細胞比動物細胞多了細胞壁，因此在觀察技術還不成熟的那個年代，植物比動物細胞更容易觀察，也因此這個說法是被植物學者接受。

1839 年，德國動物學家施旺（Schwann），進一步發現動物細胞裡有細胞核，核的周圍有液狀物質，在外圈還有一層膜，卻沒有細胞壁，他認為細胞的主要部分是細胞核，而非外圈的細胞壁。同一時期，德國植物學家許萊登（Schleiden）以植物為材料，研究結果獲得與許旺相同的結論，他們都認為「動植物皆由細胞及細胞的衍生物所構成」，這就是細胞學說的基礎。在德國許旺和許萊登之後的十年，科學家陸續發現新的證據，證明細胞都是從原來就存在的細胞分裂而來。

「細胞」一詞的中文是由日本蘭花研究學家宇田川榕菴所創，出現在他 1834 年的著作《植學啟原》。中國自然科學家李善蘭 1858 年，在其著作《植物學》中也使用「細胞」，作為 cell 的中文譯名。但是作為醫生的孫文，則把 cell 譯作「生元」。

三、細胞在生物體所展現的分化特性

細胞會平均地分裂成兩個和原來母細胞一樣的子細胞，這種生長與分裂的循環，稱作「細胞周期」（cell cycle）。細胞分裂的方式，為「有絲分裂」（mitosis）和「減數分裂」（meiosis），在生物個體發育中，這兩種分裂方式的發生，促使生物種族的延續。

細胞「分化」則是人體發育過程中，細胞之間「產生穩定差異」的過程。所以，細胞分化是指同源細胞通過「分裂」，發生形態、結構與功能特徵穩定差異的過程。細胞分化的實質，是基因「選擇性」表現的結果。

在人體發育過程中，基因按照一定程式，「相繼」活化。亦即在同一時間內，不是所有的基因都會啟動「表現」，而是有些有表現，有些不表現。有些細胞是這部分基因有活性，有些細胞則是另外一些基因有活性。因此在人體中，不同細胞彼此間，基因表現差異很大。

組織間特異性基因的表現，是細胞分化的實質，故一般的研究會把注意力集中在基因選擇性表現的「控制」機制方面。除了細胞核與細胞質的交互作用，對細胞分化產生影響外，包括環境在內的諸多因素，均對細胞分化有重大的影響。分化的概念在本書將有大幅的論述。

四、人體的衰老和免疫細胞活性有很大關連性

「衰老生物學」（biology of senescence）是研究生物衰老的現象、過程和規律，其目的是要探索發生衰老的原因和機制，尋找推延衰老的方法，以延長人類的壽命。人體的細胞若依壽命長短不同，可劃分為「幹細胞」和「功能」細胞。幹細胞在整個一生都保持分裂能力，直到達到最高分裂次數便衰老、死亡。本書在幹細胞的運用將有詳盡說明。

每個時刻，人體內都會產生一定數量的衰老細胞。除了時間因素外，環境和內源性的壓力，都會促使生理狀況的「衰

老」，故即使是年輕人，體內也存在著衰老細胞。人體免疫系統具有「識別」、「毒殺」並及時「清除」體內突變及衰老細胞的功能，此即被稱為「免疫監視」（immune surveillance）。人在年輕時，免疫細胞活性旺盛，可迅速消除衰老細胞。然而隨著年齡的增加，免疫細胞活性下降，較無法有效清除衰老細胞，才會顯出老態。「免疫衰老」是每個人無法迴避的。

　　隨著醫學的不斷發展，我們逐漸認識到衰老及疾病的發展，甚至癌症的產生，都與免疫細胞存在不可分割的關係。對於癌症，我們若可激活或增強免疫細胞，多了解消滅癌症的免疫細胞療法，將可拯救無數的癌症患者。同時，我們也能利用免疫細胞及幹細胞儲存，放慢衰老的腳步。免疫系統及免疫細胞的深入了解，是本書著作的主旨。

五、外泌體是最新的細胞相關醫療的新興產業

　　生物體內所有細胞都是透過直接接觸，或者由細胞激素、趨化因子等所分泌的蛋白質介導，進行訊息的傳遞。也就是說，細胞之間是藉由釋放「細胞外囊泡」（extracellular vesicles，簡稱 EV）來傳遞細胞間的訊息。根據它們的起源，EV 分為三大類：外泌體（exosomes）、微（囊）泡（microvesicles）和凋亡小體（apoptotic bodies）。目前外泌體也常被用 EV 二字母來作稱呼，其實兩者的真實涵義還是有所不同。微泡是由直接向外的細胞膜出芽（budding）形成，凋亡小體是由凋亡細胞膜裂解的碎片構成，外泌體則起源於細胞的內吞（胞吞）（endocytosis）過程。

外泌體的尺寸範圍約為 30 至 150 nm，這些奈米大小的囊泡含有許多成分，包括細胞激素和生長因子、脂質，以及 mRNA 和 miRNA 等。外泌體的成分根據其細胞來源而有所不同。外泌體作為細胞間通訊的關鍵介質，由於其獨特的結構及生物特性，近年來，已引起各界廣泛的關注。

外泌體是 EV 的一個重要的亞群，可追溯到 1983 年，由 Johnstone 等科學家在研究紅血球分化成熟的過程中提出，而在 1987 年在超速離心下正式得到這群囊泡，並命名為「外泌體」。其是密度 1.13 g/ml～1.9 g/ml 的膜性囊泡狀小體，形態成扁形或球型小體，有些為杯狀；在體液中以球型為主。根據不同的細胞來源，外泌體可表現出獨特的生物蛋白特性。腫瘤細胞外泌體（tumor derived exosomes, Tex）攜帶大量的 mRNA 及微小 RNA（microRNA, miRNA），在腫瘤發生、發展與轉移的過程中發揮重要作用。

外泌體最初被認為是一種用來清除細胞中廢物的「垃圾袋」，可以由各種細胞（包括免疫細胞、幹細胞及腫瘤細胞）主動分泌到細胞外，並可將源自母體細胞的大量生物「分子」運載至其他細胞，與腫瘤的發病機制密切相關。其生物學特性包括：（一）由於其體積微小，能夠避開巨噬細胞對其吞噬，且能穿過血管壁到細胞外基質，因而廣泛存在於人體各種體液中，包括血液、唾液、尿液、腦脊髓液及胸腹水；（二）由於其具有磷脂分子雙層結構，相對穩定，不易降解。

外泌體與目標細胞間的訊息傳遞，主要通過三條途徑實現：受體—配體相互作用；質膜直接融合；吞噬作用中的內吞。腫瘤細胞較正常細胞會分泌更多的外泌體。故分析 Tex 成

分，可以反映其母體細胞的分化及功能狀態；其具有高度異質性，即使是由同一個細胞分泌，因為不同分化狀態 Tex 成分亦可不同。這種獨特的分子特徵，即可用在不同腫瘤及正常細胞的鑑別。由於外泌體在腫瘤微環境中的細胞間通訊作用，使其對腫瘤的發生、發展、轉移、免疫逃避及耐藥性等，均發揮了相當重要作用。

六、外泌體主要價值是應用在癌症診斷及治療

腫瘤細胞所產生的外泌體可以檢測到過度表現的特異性蛋白標誌物；腫瘤轉移的主要原因，有可能是因為這些攜帶腫瘤生物資訊的外泌體，在體內散布的緣故。外泌體中還含有大量的 mRNA、miRNA、DNA 片段等核酸成分，由於這些內含物提供了豐富的生物資訊，可以多方位、多角度的揭示出疾病（心血管、腎臟、神經退化性、代謝疾病和癌症）資訊，因而逐漸成為癌症生物標記（biomarker）以及非侵入式液態活檢（liquid biopsy）的新研究對象。也就是說，由於不同細胞來源的外泌體訊號因子可反應其來源細胞的特異性，因此成為疾病檢測與治療的新型生物標記。外泌體內含數百種分子，可為許多疾病及癌症提供術前檢測、監測與治療、預後情況的生物資訊；且由於來源廣泛，因此驅動其在醫療領域的大幅應用，尤其是液態活檢領域。

以同樣應用在液態活檢的主種檢測標的比較，循環腫瘤DNA（circulating tumor DNA, ctDNA）分離技術相對簡單和成熟，但是其為片段的 DNA，並不是完整的基因資訊；而循環

腫瘤細胞（circulating tumor cells, CTC）含有的資訊雖然較多且完整，但是因為數量很少，要從血液中分離出來，困難度較高。而外泌體的來源廣泛，例如淋巴細胞、樹突細胞、肥大細胞及上皮細胞、腫瘤細胞等都可以分泌外泌體，所分泌出的外泌體還會進入羊水、唾液、血漿、母乳、尿液、精液、腦脊髓液和眼淚等諸多流體，因此促使外泌體的液態活檢的發展。

癌細胞轉移一直被視為癌症治療失敗的主要原因。原位腫瘤在轉移前，會先派遣「哨兵」探路，其哨兵就是癌細胞釋放幫助轉移的「肥料」，把它包在奈米大小的外泌體中，透過表面的受體，引導哨兵到特定位置，將外泌體運送到特定器官，例如從乳癌轉移至肝臟或肺臟。若能提早知道癌細胞將轉移到何處，可先行預防給藥，降低轉移機率，提高病人存活率，對癌症治療具有很大的幫助。

七、外泌體產業發展前景與現況限制

除了檢測與診斷，外泌體也正在被探索應用於「無細胞療法」。例如患有因缺失或缺陷的蛋白質或 micro RNA 引起的疾病之病患，可藉由分離患者的外泌體後，再作適當的蛋白質修飾，然後再注射回患者體內以進行治療。另外，外泌體可以發揮強大的作用在免疫調節方面，間質幹細胞（MSC）來源的外泌體便具有抑制發炎的能力（在第 4 篇會有說明），而外泌體應用於藥物載體的技術研究，亦蓬勃發展中。

英國 Evox Therapeutics 公司，其技術平台 DeliverEX TM 能修飾外泌體，將藥物裝載到外泌體中；同時改良了外泌體傳

遞能力，能將包括有小分子、mRNA 的載藥外泌體，傳遞到包括大腦、中樞神經系統和其他難進入的組織內的目標器官中，藉此開發無細胞療法。這是由於外泌體的傳遞功能，有可能解決如蛋白質、抗體和核酸類療法的一些限制，將藥物傳遞到這些療法無法觸及的細胞和組織。

全球各地諸多新創企業憑藉在外泌體的研究，逐步發展在臨床診斷或疾病治療的兩種領域，為臨床應用和產業發展都帶來大幅成長。外泌體作為一種可以獲得細胞治療效果的新的發展機會；由於沒有細胞治療的一些風險和困難，因而吸引各界投入進行研究開發。台灣有非常良好的基礎研究和完善醫療體系，目前在各大醫療院所也有許多針對外泌體癌症偵測的研究。

不過，目前外泌體的研究多還在開發階段、臨床前試驗階段，僅有少數如 Evox Therapeutics 進入臨床一期。這都顯示對於嶄新的外泌體醫療領域來說，除了有待充分理解其本身的生物學和療效機制外，產業化還在初步階段。

2

從細胞的生與死
看人體的衰老

一、細胞周期之概要說明

　　人體所有細胞是由現有的細胞，以有序的方式分裂而產生。人體細胞複製本身內容物，然後分裂產生兩個相同的子細胞。這個複製的「次序」，即是「細胞周期」。人體一生中都在發生細胞分裂，不同類型的細胞之間，分裂次數有所不同。分裂增殖能力的差異，要看細胞的類型和個體的年齡而定。例如，由新生兒採集來的纖維母細胞，可完成接近 50 次的分裂，但從成人分離而來的纖維母細胞，只能完成大約一半次數的細胞周期。

　　細胞的「汰換」是人體正常的功能。人體內，某些細胞的汰換緩慢或不存在，而其他細胞汰換非常迅速。一些組織需要持續的細胞更換，如皮膚、腸上皮細胞和紅血球。其他細胞很少分裂的，如內分泌系統的細胞，或在成年的生命期間根本不分裂，如神經元（神經細胞）。紅血球的生命周期約為 80 到 120 天，人體必須每天更換約 300 萬個紅血球。血液中含量最豐富的嗜中性球，不到 10 小時的半衰期，身體每天可能需要更換近百億個嗜中性球。而小腸的腸道絨毛細胞及胃的黏膜細胞，壽命是 3 至 5 天。

　　細胞周期大致可分為三個不同的階段：間期（gap）、有絲分裂和胞質分裂。「間期」可以進一步細分為三期，稱為 G1 期（gap 1）、S 期（synthesis）（DNA 的合成是發生在此期）和 G2 期。

　　遺傳訊息的分開，是發生在「有絲分裂」的階段。有絲分裂期可再分為五個不同期，稱為前期、前中期、中期、後期和末期，並確保每個子細胞將會有相同完整且具功能的母細胞遺傳物質。

　　第三階段是細胞質分裂（或稱「胞質分裂」），在分成兩個進入「間期」的獨立個別子細胞時，達到終點。

　　所有細胞無論是否周期活躍，其生命大部分在「間期」度過，故間期是細胞周期的最重要部分。其中，細胞的「生長」主要是在間期的 G1 期，也是 S 期 DNA 複製的「準備」期間。G1 期的時間長度在各種細胞類型中，是差異最大的；分裂非常快速的細胞，如生長中的胚胎細胞，花很少的時間在 G1。另一方面，周期不活躍的成熟細胞，會永久停留在 G1 期。

　　若 G1 期不準備進行 DNA 合成的細胞，是在一個特化的休息狀態，即可稱為 G0 期。有些在 G0 期不活動或靜止的細胞，受適當的「刺激」（激活）後，可重新進入細胞周期的 G1。免疫細胞的激活，將於本書後面常有論及。

二、細胞凋亡與壞死之區別

　　「壞死」（necrosis）是被動的病理過程，是由於細胞損

傷引起。細胞壞死會因為細胞膜破裂，導致細胞質和胞器流出到周圍的組織液中，經常引起發炎反應。與此相反，細胞「凋亡」（apoptosis）是一種主動、正常的生理過程，能消除個別細胞，但不傷害相鄰的細胞或引起發炎。細胞凋亡對細胞和組織生理來說，與細胞分裂和分化，一樣是必須的。若擾亂了細胞凋亡的正常途徑，可能導致癌症、自體免疫疾病，以及神經退化性疾病。

　　細胞凋亡常是細胞自發實施的，一般由生理或病理性因素引起。在細胞凋亡過程中，細胞會縮小，DNA被核酸酶（nuclease）降解成片段，屬於有層次之斷裂。因此，細胞凋亡也被稱為「程式性死亡」（programmed death），這是因其是在基因調控之下所產生的自然死亡現象。

　　「壞死」是細胞在受到各種傷害而造成的死亡，胞器遭受嚴重破壞及細胞膜喪失完整性，這些現象不是在基因調控下所產生的。因為細胞內的內容物（包括酶）會由壞死細胞釋放，故從病患血液檢體中酶的測量，通常可幫助作診斷及確定預後。尤其大多數細胞都含有「乳酸去氫酶」（Lactate dehydrogenase，LDH或LD）。當組織細胞因壞死而死亡時，乳酸去氫酶常會出現在血液中，使乳酸去氫酶常被當作壞死細胞死亡的標記。

三、人體細胞凋亡的調控機制

　　在正常健康的成人，其細胞數量能保持相對恆定，是由於細胞分裂和細胞死亡之間保持平衡的關係。當細胞被破壞或失

去功能，就必須被更換；反之，新細胞的產生，也必須由細胞的死亡，來維持一個穩定的基本細胞數量。維持細胞數量與正常功能的平衡如果被破壞，那麼可能會導致不正常的腫瘤生長。

去除受損的細胞，是人體細胞凋亡的一個重要功能。當一個細胞受到損害且無法修復（如受病毒感染），人體腫瘤抑制蛋白 p53（p53 基因的產物）即會活化，即能停止其細胞周期，並進行細胞凋亡，引發「程式性細胞死亡」。以凋亡來去除個別的細胞，可節省其他細胞所需的養分，也可以制止病毒感染擴散到其他細胞。但是，若 p53 發生突變，而無法引發細胞凋亡，則是會傷害人體的健康。

細胞凋亡的主要目的，可說是為了要移除在人體生長過程中不必要的細胞。在人體內的細胞凋亡是受到「抑凋亡」因子和「促凋亡」因子的調控。

四、細胞凋亡對人體健康的重要性

細胞凋亡是人類生長過程中必經之路，在成熟的人體組織中，細胞凋亡是不可少的，尤其是在組織的更新上（如皮膚表皮細胞的更替）。即使在胚胎發育時，細胞凋亡也會被使用到。在此期間，大量的細胞分裂和分化，常會導致過多的細胞必須被去除，才能進行正常的成長及產生正常的功能。

此外，健康成熟的後天免疫系統之發育，更需要細胞凋亡；胸腺的「負向選擇」，即是從一群 T 細胞中去除大部分之「不適用」T 細胞，這過程也同樣經由細胞凋亡而發生。這

將在第 18 篇做深入討論說明。免疫系統對喪失功能及癌變的細胞，可經此進行選擇和清除，尤其在清除癌變的細胞，更是必須。

對於某些腫瘤細胞而言，化學治療或是放射線治療的目標，就是要引起腫瘤細胞的凋亡。另外，當外來入侵者引起免疫反應發生時，T 細胞與 B 細胞數量會大幅擴增對抗外來抗原；當完成這項工作的時候，這些淋巴球會被以凋亡的方式，移除到只剩下少數的「記憶型」T 及 B 細胞。這在本書第三部分均會有所論述。

目前在細胞凋亡與癌症發生和各種自體免疫性疾病之間的關係，有著很多研究，希望能激發癌細胞的細胞凋亡，以達到消弭癌症的目的。另也有為了維持人類大腦的體積，使細胞凋亡的基因在人類身上能受到抑制的設想，嘗試儘量善用細胞凋亡在神經退化性疾病（如阿茲海默症、帕金森氏症）中所扮演的角色。

五、端粒與端粒酶在人類衰老機制上的關聯性

衰老是一個非常複雜的過程，涉及許多不同的機制。人們長期被病原體包圍，且生活習慣及承受的壓力也各不同，這些都會影響衰老過程。衰老生物學始於 1961 年，當時，細胞被認為是不朽的，但海弗利克（Hayflick）和穆爾黑德（Moorhead）兩位科學家在其出版的新書中，打破了這一教條，聲稱細胞在進入複製衰老狀態（細胞停止分裂）之前，會經歷一定次數的分裂。1971 年，俄國奧洛夫尼科夫（Olovnikov）才發現這種現

象，是由於每次細胞分裂，都發生了端粒（telomere）的縮短；端粒長度是衰老原因，且每個組織的端粒長度不相同。之後格萊德（Greider）和布蕾波恩（Blackburn）發現了端粒酶（telomerase），使海弗利克（Hayflick）現象，可以用端粒酶活性和端粒長度，來解釋正常衰老的過程。

人類細胞核內染色體的「端粒」，在老化上扮演一個非常重要的角色。端粒是在染色體末端的特殊結構，由相同序列的DNA不斷重複所組成。這些相同的序列在人類上是「TTAGGG」。

染色體存放著遺傳資訊，它需要被保護，就像鞋帶需要末端的小塑膠套，讓它不要鬆開一樣，而端粒就是用來維持染色體完整性的結構。端粒可比擬為壽命的倒數計時器，細胞每分裂一次，端粒就會減短一些，直到沒有辦法保護染色體時，細胞就會走向凋亡。

人體中有一種酵素叫做「端粒酶」。端粒酶在細胞中，會藉由把重複序列添加到端粒上，以維持端粒的長度。在一般的細胞中，端粒酶的含量是非常低。因此，當細胞不斷進行細胞分裂後，就會因為端粒長度變短，導致細胞老化，最終走上細胞凋亡。

雖然端粒酶能經由端粒重複序列的加入，幫助維護和修復端粒，但端粒的材料最終也會用盡，造成細胞衰老（老化）。在細胞周期末期時，端粒可幫助染色體移動到相反的兩極中。當端粒變得太短，細胞也就不再分裂。在衰老的細胞中，端粒酶幾乎沒有活性。但若把端粒酶的活性恢復，則衰老的細胞又會開始進行細胞分裂。

　　每次細胞分裂，在 DNA 複製時，端粒就會縮短一點，如果端粒變太短，就容易產生動脈硬化、心臟病、癌症等疾病。此外，過度「自由基」（free radical）釋放，也可能造成端粒縮短。慢性壓力造成的「壓力激素」若持續超量，也可能影響端粒。

　　影響端粒長度的因素，也包括規律運動、清淡飲食、充足睡眠、生活壓力、環境中化學物質、抽菸等。針對上述影響因子作改善，即可延緩老化。一般來說，偵測端粒長度的方法有多種，現在的主流是以 qPCR 的方式進行長度的測量，具有精準與成本低的優勢。

六、人體免疫老化的相關理論

　　位於細胞質的粒線體（mitochondria）機制常被提出，以解釋造成人體老化的現象。粒線體有自己的基因體，並自主複製和「轉錄」（transcription）DNA。如果「核 DNA」及粒線體 DNA（mtDNA）經常暴露在 DNA 傷害因素（如輻射）中，人也會老化。

　　但本書要強調的「免疫衰老」（immunosenescence），其被定義為，免疫細胞透過衰老逐漸喪失免疫功能。造血幹細胞（hematopoietic stem cell, HSC）由於端粒縮短，和 DNA 代謝產生的自由基在其代謝過程中積累，因而變得越來越不能更新血液細胞；因而使巨噬細胞失去其殺菌能力且數量減少；產生抗體的 B 細胞數量減少，並導致較差的免疫球蛋白多樣性和效率；樹突細胞「抗原呈遞」功能也隨著年齡的增長而降低；

隨著越來越少的免疫細胞被製造，記憶型淋巴球開始失去其功能，導致對病原體和癌細胞毒殺力之降低。

因此，許多醫學專家將 T 細胞活性作為標記，以估計「免疫衰老」情況。免疫細胞數量或活性的降低，會對整體免疫力產生深遠影響，其之降低讓老年人變得更容易受到病菌感染，易患上癌症、自身免疫疾病和神經退化性疾病等。

其實，人體免疫系統在經過數十年持續進行人體的免疫監視，最終是必然會出現問題。隨著年齡的增長，免疫系統開始減弱，會降低抵禦癌症的天然屏障。隨著全世界老年人比例的增加，人們迫切需要更好地了解免疫系統的老化，以預防和「治癒」人體的老化。

3

幹細胞面面觀

一、幹細胞發展上主要歷史性里程碑

　　「幹細胞」（stem cell）的概念，是在 1908 年柏林的一次血液醫學大會上，由俄國醫學專家亞歷山大・馬科斯莫夫（Alexander Maximov）首次提出。當時，只是一個假設性學說的概念。但在 1945 年，在對二次世界大戰暴露在致命輻射劑量下的病患進行研究時，重新定義並找到了造血幹細胞（hematopoietic stem cell, HSC）的證據。在 1968 年，加蒂（Gatti）透過骨髓移植成功治療一個重度免疫缺陷疾病患者，開啟了幹細胞在醫學上的應用。此後，人們對幹細胞的認識和常識也越來越多，逐漸成功分離和培養了多種動物的幹細胞，並於 1997 年利用幹細胞的技術，成功孕育出複製羊而轟動一時。

　　真正的技術性突破是在 1998 年，美國兩個實驗團隊分別從人體胚胎中，培養出人類的多能幹細胞，即為現在所熟知的胚胎幹細胞。1999 年，人類胚胎幹細胞研究成果在著名的《科學》雜誌，被評選為當年度世界十大科技進展中榜首。2000 年，美國《時代週刊》又將其評選為 20 世紀末十大科技成就之首，幹細胞的研究，開始在全世界升溫。

　　由於胚胎幹細胞的取得涉及到倫理問題，各國政府訂有相

關研究的規定和政策。2007 年日本的山中伸彌和美國的詹姆斯・湯姆森（James Thompson），分別獨自成功的藉由重新編程（reprogramming）體細胞的基因，而取得類似胚胎幹細胞的「誘導式多能幹細胞」（induced pluripotent stem cell, iPSC），解決了胚胎幹細胞在收集與應用上所涉及的倫理問題，將幹細胞研究帶入了更多的可能性。因此，2007 年、2008 年、2010 年，《科學》雜誌連續將 iPSC 細胞研究，評選為年度十大科技突破。山中伸彌更是憑藉 iPSC 細胞的誘導技術，獲得 2012 年諾貝爾生理醫學獎。

隨著基礎研究的迅速發展，幹細胞應用方面也進展迅速。2005 年，美國食品和藥物管理局（FDA）批准了將神經幹細胞植入大腦的人體實驗，近年來其他諸如間質幹細胞在視網膜、糖尿病、心肌梗塞等各種疾病的臨床試驗上，也都有不錯的成果，將在後面作深入的說明。

通常我們提到的幹細胞，都是指人或是動物的幹細胞，如果要亂套用動物幹細胞概念在植物的話，那也可以說，絕大部分的植物細胞，在某種程度上都是幹細胞。用植物來進行組織培養、嫁接、分枝等都是很容易的事情。每個植物細胞均有分化能力，均可被稱作「植物幹細胞」，但跟動物的幹細胞相比，根本是天差地遠。所以台灣許多產品廣告上，直接用「植物幹細胞」來耍炫，實在太浮誇了。

二、幹細胞與癌細胞之關聯性

幹細胞的基本特性，是可以進行一種不對稱分裂，分裂成

兩個不一樣的細胞，一個成為跟自己一樣的幹細胞，另一個則用來進行「分化」，以維持組織的恆定。幹細胞也可以進行兩種「對稱」細胞分裂，一種是分裂成兩個跟自己一樣的幹細胞，另外一個是分裂成兩個都將進行分化的細胞。如果幹細胞非常不正常地大量進行對稱分裂，組織就會形成腫瘤，這也是為什麼幹細胞的研究跟癌症的研究，常常脫不了關係。

癌組織多數是由異質細胞族群（heterogeneous cell population）所形成，除了癌細胞外，在癌組織內存有一小部分含有幹細胞特性的癌幹細胞。癌幹細胞可能是癌組織中，少數具有無限增值潛能的癌生成細胞，而癌症的形成與復發很可能是，由於這些極少數的癌幹細胞，不斷增生或復育出的癌細胞所造成的。

正常幹細胞的分裂會受到人體正常機制的控制，而癌幹細胞的特徵則是在於它們會不正常的增生，形成大量的癌細胞。如果只是把「分化」後的癌細胞移除，殘留下來的癌幹細胞仍會繼續不斷增生，所以如果無法徹底清除體內的癌幹細胞，對癌症的治療就有復發、轉移之可能。

三、胚胎幹細胞具有全能的分化能力

人體約有 60 兆個細胞，都是從精子與卵子兩個細胞結合後發育分化而成。

受精卵在子宮中發育成胚胎，而胚胎幹細胞就像是一位「全能」的指揮家，指揮受精卵分化成三種胚層。當卵子受精後，依序從 1 個細胞分裂為 2、4、8、16 個細胞，一直下去，

經歷桑椹胚（morula）、囊胚（blastocyst）等不同階段，分化
成外胚層、中胚層及內胚層三個胚層。取自囊胚期的幹細胞，
均可稱為「胚胎幹細胞」（embryonic stem cell, ESC）。這些細
胞非常原始，可以經由特定的誘發條件，形成各種胚層的細
胞，進而分化成身體各種器官。

　　胚胎幹細胞是一種具有完全多能性的幹細胞。在卵細胞受
精後，受精卵經過桑椹胚階段，進入囊胚階段。囊胚中的細胞
可以歸為「滋養層」（trophoblast, Tr）和「內細胞群」（inner
cell mass, ICM）兩個大類。滋養層的細胞會分化為胚胎外的組
織（胎盤與臍帶等），內細胞群的細胞則會分化成胚胎的其餘
結構。若分離內細胞群細胞並進行體外培養，即可取得胚胎幹
細胞。

　　受精卵在最初的分裂，便形成的全能（完全多能性）
（totipotent）幹細胞，是具有獨立發育成完整胎兒的能力，這
也是同卵雙胞胎的成因。但是隨後由這全能幹細胞分化出的多
能（pluripotent）幹細胞，儘管可以通過分化形成人體的所有
組織和器官，但它們不具有形成胎盤與臍帶等組織的能力，也
就喪失了在子宮內獨立發育成胎兒的「全能性」。進而，多能
幹細胞進一步分化後，得到的各「功能」幹細胞，以及後續得
到的「成人體細胞」，則逐漸失去分化為其他細胞的能力。因
此，幹細胞的分化是一條不歸路。

　　胚胎幹細胞被認為在再生醫學裡的「組織工程」及「細胞
治療」上，具有相當全面性的應用前景。但是因為道德、宗教
與法律上的問題（例如目前分離胚胎幹細胞的方法會無可避免
地殺死胚胎），有關胚胎幹細胞的應用，在各國都受到了一定

的限制。

　　人類胚胎幹細胞可被用於培養出可供修補與替換受損組織之細胞，但許多人反對利用人工受精後剩餘之正常胚胎來取得胚胎幹細胞，因為此舉將扼殺這些胚胎之著床權與出生權，亦可視為殺人。至於從人工流產（其實是墮胎）及自然流產胎兒取得的幹細胞亦多有疑慮。較可被接受的是從臍帶血、胎盤或成人組織中所得之多潛能幹細胞，但這類幹細胞之分化及增殖能力較有限。

　　因此，科學界也致力於發展「體細胞核轉移」（SCNT）技術，可避免此類道德爭議。因為此舉僅將成人之細胞核取出，轉植至一個「未」受精且先行去核的成熟卵子中，在體外培養下，長成初代胚胎幹細胞群，以便利用於建立與本身基因幾乎完全相同之細胞株。這可進行體外缺失基因之修正治療，對矯正遺傳疾病極有幫助。

　　這在法律上是禁止用於複製「人」，但若只利用體外培養技術，來製造出許多不同種類之細胞或組織，來修補本身之受損器官，是可以接受的。在此技術下，人體「細胞核」能在衰老後，因重新植入並經胞質合一後的「去核未受精」的卵中，重新恢復生機。

　　目前之所以研究重點放在利用「同種異體」幹細胞在器官移植上，即在於較沒有排斥問題。因此若能解決「異種」器官移植的排斥問題，就不存在利用人體胚胎幹細胞所衍生的諸多問題。2022 年 1 月，美國馬利蘭大學醫院將豬的心臟，首次成功移植到 57 歲的人類病患體內達兩個月，沒有產生排斥反應。這主要是使用了經過基因編輯，去除豬心細胞中的一種醣

的成分，這種醣的成分是導致人體會迅速排斥異種器官的主要
原因。雖然病患過世時沒顯示任何移植排斥現象，但仍難逃異
種移植最困難的潛伏病毒之漏檢，在病患的移入心臟感染了豬
巨細胞病毒（PCMV）而終失敗。

四、成體幹細胞仍是主要幹細胞之應用

　　幹細胞存在人體「所有」多細胞組織裡，能經由有絲分裂
與分化，來生成多種特化細胞，而且可以利用「自我更新」作
用，來提供更多幹細胞。胚胎幹細胞是一種高度未分化細胞，
在胚胎發育早期的囊胚中，可發育為不同的細胞（含生殖細
胞），具有發育的全能性，能分化出所有組織、器官及系統，
最後形成完整的個體。但當人「出生」之後，即是「成人」
（adult）幹細胞，存在於「成體」特定的組織中，分化成具特
定功能細胞的能力，主要包括間質、造血及神經幹細胞等。前
兩者是目前應用上最普遍的，將於後面作更深入討論。

　　所謂「成體」幹細胞（somatic stem cell）一般指人體未分
化的細胞，在「整個身體」中均可發現，其可透過細胞分裂而
增殖，以補充因細胞死亡所造成的數量損失並再生受損的組
織。

　　在特定條件下，幹細胞可按一定的程序分化，形成新的功
能細胞，從而使組織和器官，保持生長和衰老的動態平衡。人
體許多組織和器官，例如表皮和造血系統，最具有修復和再生
的能力，成體幹細胞在其中有著關鍵的作用。醫學上最早認定
幹細胞主要是「造血」幹細胞，但如今，以往認為不能再生的

神經組織，仍然可找到神經幹細胞，說明人體幹細胞普遍的存在；問題是如何尋找和分離各種組織特異性幹細胞。

人體骨髓中，除了造血幹細胞，也存在內皮幹細胞（endothelial stem cell, ESC）；內皮祖細胞（endothelial progenitor cell, EPC）比內皮幹細胞（ESC）更特化，而內皮細胞比內皮祖細胞更特化。血管即由薄薄的內皮細胞所構成，作為人體循環系統的一部分。

幹細胞的各項行動受到細胞微環境的訊號調控，包括生長因子、貼附的胞外基質、養分，因此微環境中的動態改變，都會影響幹細胞的活性及分化狀態。例如腸道幹細胞的活性及分化，受到細胞微環境的生長因子調控，以決定何時被活化，及如何分化成為絨毛上的各式細胞。

總體上而言，幹細胞的治療方式，涉及其複雜的微環境之了解。以骨髓抽取間質及造血幹細胞而言，其在體內骨髓的微環境中，是處在細胞的休眠狀態，但在體外培養的過程中，許多被用來促進細胞增殖的生長因子等細胞激素，會讓細胞進入活化的狀態，使細胞性質因而改變。因此一般在經體外培養後的細胞，可能造成細胞特性的改變，故要做一定程度的確效。

五、幹細胞依分化能力的學術性分類

幹細胞若從分化能力的角度來看，它可以進一步分成四類：「全能幹細胞」（totipotent stem cell）、「多能幹細胞」（pluripotent stem cell）、「多潛能（也被翻譯為『複能』）幹細胞」（multipotent stem cell）、「單能幹細胞」（unipotent

stem cell）。由卵子和精子的融合產生受精卵後，受精卵開始
分裂，而受精卵在形成胚胎過程中，分裂為八個細胞之前的任
一細胞，皆是全能幹細胞，具有發展成獨立個體的能力。因
此，此種胚胎幹細胞具有形成完整個體的分化潛能，而受精卵
就是最高層次的胚胎幹細胞。

　　「多能」幹細胞可說是全能幹細胞的後代，無法發育成完
整個體，但具有可以發育成「多種」組織能力的細胞，例如胚
胎幹細胞。而「多潛能（複能）幹細胞」，即是一種或多種組
織的起源細胞，它能分化出多種類型細胞，但不可能分化出足
以構成完整個體的所有細胞。

　　多能幹細胞的胚胎幹細胞，可以近乎無限次複製而且尚未
分化，但多潛能幹細胞僅可有限次數的複製，而且已是「定
向」分化，較接近形成目標細胞，如「間質幹細胞」
（mesenchymal stem cell, MSC）、「造血幹細胞」及「神經幹
細胞」。

　　至於「單能」幹細胞只能產生一種細胞類型，但是還是具
有自我更新的屬性，其與非幹細胞還是有所區分。一般所謂的
前驅（中國大陸稱「前體」細胞）、祖細胞、母細胞，均可視
為單能幹細胞。

　　因此，也可說幹細胞是存在於「早期胚胎」和「成體組
織」兩者的光譜之中。未成體的早期胚胎時的幹細胞，有較廣
大的分化能力，能分化成人體所有類型的細胞。至於存在於
「成人」中的幹細胞群，可以分化成一種世系（lineage）（或
稱譜系）的不同細胞，但不能分化那世系之外的。例如，造血
幹細胞能分化成不同類型的血液細胞與免疫細胞，而不能成為

肝細胞。

　　也有學者用最嚴格的定義，認為人體的所有細胞都來自「前驅細胞」（precursor cell）。前驅細胞會沿著特定的路經進行分化，以產生出分化後的細胞，而能在組織和器官執行特定的工作。至於有能力創造出整個人體的細胞才能被稱為「幹細胞」，能夠自我更新、分裂產生出許多子細胞，又能分化成多種的特化細胞類型。

六、祖細胞（前驅細胞）是分化能力有限的幹細胞

　　大多數幹細胞會在分化成為體細胞之前，產生介於兩者之間的「祖細胞」（progenitior）或「前驅細胞」，然後產生分化的細胞群。這個循序漸進過程，可由造血（hematopoietic）幹細胞（HSC）來說明。HSC 是多潛能的，其經過循序漸進的過程，在既定方向進入特別的分化途徑。在第一步先產生兩個不同的祖細胞，定向的祖細胞然後進行許多次的分裂與分化，產出某一特殊類型的細胞群。在這個情況下，造血幹細胞產出一類能製造淋巴球的「淋巴系祖細胞」，另一類則能製造其他血液細胞的「骨髓系祖細胞」。

　　這中間會有不同步驟的定向，是因為基因表現的變化而發生。通往每一個特定途徑的基因被開啟，通往其他發展途徑的基因則被作為「轉錄因子」的特定蛋白所關閉。這些蛋白能同時激活特定途徑的基因，以及關閉不同發展途徑所需的基因表現。HSC 分化圖可參閱圖 5-1。

　　若從分化能力層面來說，祖細胞（或前驅細胞）與幹細胞

類似，均是具有分化潛能的細胞，只是祖細胞比幹細胞在「分化潛能」要低一些，只能向一些「目標細胞」分化。祖細胞和幹細胞之間的最大區別在於，幹細胞能較無限複製，而祖細胞只能進行有限次數的複製。目前，各國學者關於祖細胞的定義仍有一定爭議，一般仍會將「祖細胞」與「幹細胞」混用。

也就是說，幹細胞在徹底分化前，能先分化成某種「中間細胞」，這種中間細胞即被稱作「祖細胞」或「前驅細胞」。因此，祖細胞也可說是單能幹細胞；祖細胞的分化較具明確性，只能分化為一些目標細胞。祖細胞分別存在於人體組織中，負責組織損傷後的修復及再生。在損傷發生後，祖細胞可以被動員、激活，大量增殖並遷移到受損部位，分化成成熟的細胞以替換受損的組織。在人體的多種組織器官中，都已鑑定到相應的祖細胞。由於祖細胞具有幫助組織器官修復再生的功能，因此許多科學家努力研究將祖細胞體外擴增，並將其移植到體內，用來治療多種退化性疾病。

在細胞生物學中的祖細胞及前驅細胞，也有些被稱為「母細胞」（blast cell），是從幹細胞分化到體細胞前的最後一步。但纖維母細胞（fibroblast）是一種合成胞外基質和膠原蛋白的細胞，是結締組織的基本構造，提供框架結構（基質），並在傷口癒合上扮演重要角色。在胚胎發育中，纖維母細胞和其他的結締組織一樣來源於中胚層。主要功能是分泌細胞外各類基質和多種纖維，以維持結締組織結構的完整性。

在形態學上，纖維母細胞具多樣性，其形態取決於其所處的位置和活動性。與上皮細胞不同，纖維母細胞不形成細胞單層，但是可以緩慢地遷移。在台灣現行《特管法》所列六項開

放的細胞治療項目中，其中即有一項是利用纖維母細胞，治療大面積燒燙傷及慢性困難瘉合傷口。在分化上，纖維母細胞可從以下介紹的間質幹細胞分化而來。

七、內皮前驅細胞具有血管修復功能

　　在成人流動的血液中，極為稀少的內皮前驅細胞匿跡其中。早在 1932 年，當時在利用體外培養血球細胞時，發現有類似微血管的結構生成，並推測在眾多血球細胞中，應該隱藏著具有血管再生能力的神秘細胞。直到近年，利用細胞表面特殊抗原，可從成人周邊血中篩選出細胞膜表面抗原的各種細胞，因而很容易地把內皮前驅細胞分離出來。

　　心血管疾病的發生，大多是因為後天危險因子或遺傳因子所造成的，例如抽煙、肥胖、缺乏運動等。從各項實驗證實，許多後天危險因子都會造成人體內皮前驅細胞的數目降低。例如肥胖即會造成體內「低密度脂蛋白」過多，而影響內皮前驅細胞增殖。

　　當身體內受損細胞發出訊號時，血管內皮生長因子就會活化內皮前驅細胞，幫助增殖及分化。然而，低密度脂蛋白會抑制血管內皮生長因子的細胞內訊息傳遞，使內皮前驅細胞無法活化增殖。

　　另一方面，「老化」也對內皮前驅細胞有相當重要的影響。老化雖然不會影響骨髓內基本的造血功能，但是對於內皮前驅細胞的動員或刺激分化的能力，卻會隨著年紀的增長，越來越不易反應。

利用血管「內皮幹細胞」，來修補受損的心臟細胞，能產生新的心肌細胞外，亦能形成新的血管來彌補原先不足的血液供應。尤其血管內皮幹細胞也能改善糖尿病的血管形成，透過體外擴增再回輸內皮幹細胞方式，可治療慢性腎臟病，並可改善周邊動脈硬化性阻塞的缺血及心臟收縮衰竭情形。國內有關自體內皮幹細胞的人體試驗，也包括以心導管經內頸動脈施打自體內皮幹細胞，以治療缺血性腦中風。

八、間質幹細胞的特點

間質幹細胞（mesenchymal stem cell, MSC）主要來源於胚胎發育早期的中胚層之成體幹細胞，廣泛存在於多種組織中，如骨髓、脂肪、羊水（包括羊膜）、臍帶、胎盤等，其中在骨髓中和臍帶中，含量相對較多。如果在適合的誘導條件下，除了能夠分化成為脂肪細胞、心肌細胞、成骨細胞、軟骨細胞等中胚層細胞，也可以跨胚層分化為內胚層的幹細胞和外胚層的神經元、神經膠質細胞等。

由於體內 MSC 的異質性，導致 MSC 的分離方法眾多。而且，MSC 在體外存活和分化的能力，並不能代表其治療功效。因此，利用分離技術純化 MSC 時，要使用其不同生物標記，來分離和檢測不同組織的 MSC，從而有利於取得可靠的MSC。

過去早期，骨髓是間質幹細胞的主要來源，目前也可自許多不同的組織取得，包括未蛀牙的乳牙牙髓、膝關節中之髕骨下脂肪塊，但以醫學美容手術中抽取腹部的脂肪，獲得 MSC

最方便。

九、間質幹細胞對人體生理運作的主要功能

間質幹細胞存在於所有人體骨髓中，數量隨年齡增加而減少。人體老化後，器官及組織修復能力之所以降低，主要是體內幹細胞數目減少所致。

以骨折為例，一般年輕人發生骨折時較容易癒合，老年人的骨折則較不易癒合，其中的原因即是老年人的間質幹細胞數目較少，導致骨骼組織自我修復的能力下降的影響。另外，老年人較易得骨質疏鬆症的原因，也和間質幹細胞的數目及能力下降有關。

間質幹細胞存在於人類所有組織當中，它們存在的目的，即是為了維持各組織及器官的恆定，亦即許多器官組織之中，細胞會老化及凋亡，必須進行補充，而這些間質幹細胞在器官組織恆定的維持及細胞的更新及補充上，扮演極重要的角色。

十、生長因子等細胞激素使間質幹細胞發揮各項作用

MSC 的作用機轉，主要如前面所描述的多元「分化」，參與組織修復與再生之歸巢（homing）效應。此即間質幹細胞透過分泌各種細胞激素（含生長因子，growth factor），提供血管生成等各種組織修復上所需各項要素。

MSC 在分化途徑上，是來自中胚層，故 MSC 基本上是可直接分化為軟骨、成骨、肌肉、脂肪組織。以軟骨為例，這過

程也可說是經所處微環境，誘導分化生成纖維母細胞，透過分泌 TGF-β（B 型轉化生長因子）等生長因子，促使合成更多膠原蛋白，而可用於修復關節內軟骨、韌帶、肌腱等軟組織。將 MSC 注射到人體內，「分化」即在體內進行，是很方便進行；但若要確定效果且防止發生癌化等不良後果，可先在體外「分化」，確定形成所需纖維母細胞再進行移入。雖然成本高、時間長，但成效較可確定。

　　常見的生長因有表皮生長因子、纖維母細胞成長因子、血管內皮細胞生長因子三種。表皮生長因子可促進表皮細胞的生長；纖維母細胞生長因子則可促進膠原蛋白的生長，有助於真皮層的恢復；而血管內皮細胞生長因子則是血管新生的主要刺激物質。

十一、幹細胞外泌體的利用是未來一大重要發展

　　「外泌體」（exosome）是細胞向外分泌出來的小囊泡，許多細胞皆會分泌「外泌體」至周邊的微環境中，「外泌體」扮演著細胞間溝通的角色，甚至會藉由釋放至血液循環中，來影響遠端的細胞或組織。細胞就好比是物流中心，而「外泌體」是要運送貨物的載具，控制著貨物在正確的時間送到正確的位置，包括送到隔壁或遠端的細胞或組織內。這些大約 50～150 nm 的奈米小囊泡，攜帶著包括荷爾蒙（激素）的蛋白質或含基因訊息的 DNA、mRNA、miRNA，將這些指令傳遞到其他細胞，調控著其他細胞的行為。細胞能藉由外泌體傳遞的訊息進行溝通，舉例來說，當皮膚細胞出現異常情況時，

就會釋出外泌體,向其他的細胞求救,讓周遭健康的細胞到有問題的地方修復;而幹細胞利用「外泌體」做到的事情就更多了,像是抗發炎、組織修復再生、抑制細胞凋亡、減少組織纖維化等。

幹細胞具有分化成各種細胞、器官的潛力,不過現有的幹細胞療法大多必須以手術方式將幹細胞植入體內,才能到達受損部位進行修復,風險較高;加上幹細胞是活的細胞,進入人體後可能發展成一般細胞,也可能發展成癌細胞,成為幹細胞治療一大隱憂。因此,科學界正利用存在於脂肪、骨髓裡的間質幹細胞,以特別的培養技術分離出具有修復功能的「幹細胞外泌體」(exosomes from stem cells)。它就是幹細胞用來和外界溝通的一種物質,在不同環境下,裝載的訊息也不一樣。

有別於幹細胞的治療方式,「外泌體」不是活體細胞,並不會發展成癌細胞,加上它的體積非常小,外層還有脂質保護著。只要注入人體內,就能透過血液循環輕易穿越腦部屏障,修復受損的神經。

對於幹細胞外泌體研究,除了哈佛及牛津大學,台灣國衛院也培養出以修復為主要功能的外泌體,未來可望用於治療神經退化性疾病、腦與脊髓創傷、中風、帕金森氏症、心肌梗塞、肌肉萎縮症等。在該院之大腦受損的小鼠實驗中,用「注射」方式,提供具有修復能力的外泌體,一周後觀察到受損的神經細胞可以長出突觸,更在一個月後發現受損區域神經細胞的數量,可以恢復到原本的六成,且小鼠的認知、學習和記憶功能皆獲得改善。經團隊分析,所開發的誘導型間質幹細胞外泌體之組成,鑑定出內含 2',3'-Cyclic Nucleotide 和

3'-Phosphodiesterase 等數種成分，可促使腦神經再生及腦部功能恢復之活性物質，顯示外泌體具有促進組織再生的能力，可省略手術植入幹細胞的程序，直接透過自動化製劑製備大量外泌體。

　　外泌體攜帶著許多再生修復訊息之生物特性，應用在肌膚醫學的治療方案，正如雨後春筍地萌生，尤以幹細胞所分泌的外泌體最多。幹細胞所分泌的外泌體有顯著的促進再生能力，能為老化組織提供有效的修復功效，也能促進纖維母細胞的大量增殖，有益於皮膚的彈性維持。總之，目前幹細胞外泌體的應用已不僅僅是幫助燒燙傷傷口修復，含外泌體的保養品已成為抗衰老的新趨勢。透過微創或是搭配生長因子、玻尿酸等物質，傳遞到目標區域，已不僅能幫助傷口癒合，更可能新生肌膚。

十二、脂肪間質幹細胞仍是最經濟實惠的幹細胞

　　脂肪間質幹細胞在脂肪組織的含量夠多，且具有可分化為不同的細胞譜系的能力，包括脂肪、骨骼、軟骨、平滑肌、心肌、內皮細胞、血液細胞、肝細胞，甚至神經細胞。配合相對容易的抽脂技術，使得脂肪組織成為幹細胞良好來源。由於脂肪組織量在一生中變化極大，說明其中的細胞活性及可分化性十足，也是人體在正常生理狀況下，唯一可以顯著變化分量的組織。除了血液之外，也是唯一可以在經醫師評估後移除數百，甚至數千毫升，而不對身體造成顯著傷害的組織。

　　由於近來生物技術的高度發展，已經可以由脂肪組織分離

出幹細胞，而且脂肪幹細胞又可以分化為各種不同的組織細胞，這些基礎技術發展促使臨床上，所取得在過去所謂的脂肪垃圾，轉變為黃金。目前在臨床上已發展出一套對脂肪幹細胞傷害較小的抽脂技術，以及良好的分離和冷凍儲存技術，對當前細胞治療技術而言，扮演著關鍵性角色。

十幾年前骨科興起的 PRP 療法，是將富含血小板的血漿，經由活化而釋放生長因子，注射到損傷的部位，透過生長因子促進細胞生長，進而修補受損處。在醫美診所也有所謂「SVF」細胞治療方法，是把取出的脂肪組織除去血水後，用膠原蛋白酶分解，成熟脂肪細胞浮在上層，統稱為「基質血管組分」（stromal vascular fraction, SVF）。SVF 的應用就是將脂肪從病患的腹部或是臀部抽取脂肪，經過離心機分離後，取得富含生長因子的 SVF，再注入受損的部位治療。SVF 含有促進新生血管的成分，能加速組織的癒合。

SVF 是從患者自體抽取的脂肪組織中，提取所要的有效成分，含有多種具有修復功能的細胞以及細胞激素之混合物。將之用於治療用途，效果與目前政府依《特管法》所界定的脂肪間質幹細胞療法，是完全不同層次的。SVF 只是利用診所裡物理性的離心機，沒有經過嚴格安全規定的實驗室規格而製備之濃縮液，裡面含些間質幹細胞、血管內皮前驅細胞、生長因子，但其數量沒有經純化與擴增，就如同 5% 的果汁不能叫果汁，坊間很多醫美診所稱「SVF」為「脂肪幹細胞」，均有誇大之嫌。衛福部還在《特管法》的宣傳資料裡附上一圖表，明確 PRP、SVF 均非屬於細胞療法，不受 GTP 限制約束，在任何醫療場所均可進行。

　　台灣生技公司在異體的脂肪間質幹細胞的治療上，已有到第二期人體臨床試驗的成績展現，包括向榮（治療膝退化性關節炎、慢性中重度腎衰竭）、仲恩（治療急性肝衰竭、小腦萎縮症）、國璽（治療膝退化性關節炎、慢性缺血性腦中風）。未來廣泛性的應用，是指日可待。

十三、異體 MSC 及 iPSC 為未來再生醫療之主角

　　以幹細胞進行再生醫學療法，可以是自體，也可以是異體。特別是間質幹細胞（MSC）異體使用之增加趨勢，更令人期待。間質幹細胞本身具有免疫抑制功能，同時又不具有 HLA-DR 抗原，所以引起的免疫排斥小，因此理論上可以異體使用，在人體試驗上均已證明可行。

　　間質幹細胞異體使用，有下列幾個好處：（一）因為一人可以給多人，因此價格可以大幅下降。（二）因為細胞製備場所（CPU）已有培養完成、隨叫隨到的 MSC 製劑，因此病人可以不必等待細胞培養及擴增的程序，等待時間可以減少許多。

　　現在已有很多可於異體使用的 MSC 產品於澳洲、歐盟上市，都是用來治療自體免疫疾病為主，並非真正的「再生」醫學。但一劑產品售價，也都是百萬台幣以上。

　　日本山中伸彌團隊利用導入外源基因的方式，在小鼠纖維母細胞中導入 Oct4、Sox2、c-Myc、Klf4 四個基因使已分化的體細胞，去分化成為與胚胎幹細胞類似的多能幹細胞。後續的諸多研究者將 iPSC 誘導分化成特定組織細胞，並移植到人

體，用於治療相應的疾病，尤其是心衰、腦中風、糖尿病等。

日本在這一方面敢為人先，先後批准了全球首個 iPSC 治療帕金森氏症，及基於 iPSC 分化心肌補片的心臟治療、脊髓損傷治療等很多臨床試驗。但其還存在操作複雜、轉化效率低等問題，尤其還具有癌化風險的問題，令其還難以在臨床應用中廣泛使用。

免疫療法中，雖然 T 細胞通常是從人類血液中提取，而不是透過幹細胞生成，但若身體狀況不佳而無法生成足夠多的 T 細胞，即要經過重編程來取得 T 細胞以攻擊癌細胞。iPSC 細胞可以透過重編程，變為人體內其他任何一種細胞。

科學家一直試圖在豬、牛和其他動物體內，培養人類器官，一旦克服 iPSC 技術限制，將可為苦苦等待器官移植的病患帶來新機會。最近某研究試著把人類的 iPSC 植入牛和豬的囊胚，之後進行體外培養。研究人員一共將 1466 顆人-豬嵌合胚胎，送入 41 隻當作代理孕母的母豬中，等到三、四周時，再將發育後的胚胎取出並觀察。他們一共取出了 186 個胚胎，其中有超過一半有出現發育不良或是胚胎體型小於控制組的狀況，而一共有 67 個胚胎有出現人類細胞，其中有 17 個是發育正常的。在胚胎的組織切片中，不但能觀察到人類細胞，且這些人類細胞也已分化成功。

以 2020 年月底美國國家衛生研究院（NIH）公布的資料，世界上正進行的 iPSC 臨床試驗，有 111 案件，美國佔 52 個、歐盟 39 個、日本 4 個，中國大陸只有 2 個。同期 MSC 的臨床試驗，共 1038 件，其中美國有 209 件、歐盟有 194 件、日本 7 件、中國大陸卻有 217 件。顯示美國在最新科技仍

居領導地位，而中國大陸在 MSC 的科研實力不容忽視。

十四、建立 iPSC 細胞庫之未來性

　　取得幹細胞的各種來源中，採用 iPSC，被視為最有機會達成異體細胞療法的素材。iPSC 在適當的操作下，讓許多廠商及研究單位構思，如何利用基因編輯的方法，去除 iPSC 細胞表面上的人類白血球抗原（human leukocyte antigen, HLA）。HLA 為引起異體免疫排斥反應的主要因素，而去除 HLA 後的 iPSC，可作為「細胞庫」，提供任何人使用。但去除 HLA 需要漫長的操作，且需要漫長的時間來證明其安全性，目前仍處於研究階段。

　　iPSC 發明者山中伸彌教授在京都大學，建構了不同 HLA「同型合子」（同基因型）（homozygote）的 iPSC 細胞庫，可根據病人的 HLA，挑選適合的 iPSC，搭配抗排斥藥物的使用，即可抑制「移植物對抗宿主疾病」（graft versus host disease, GVHD），使得異體細胞治療可行。而且，根據 HLA 同型的「超級」捐者之理論，只要找到 140 個「獨特」基因型捐者，即可涵蓋日本 90% 人口。這即是所謂 iPSC 的「超級提供者」，是具有同型合子（指個體內組成基因型之兩個基因相同）的基因型的人，也就是從父母遺傳到「相同」HLA 單倍體的人。從其周邊血液或臍帶血取得的血液細胞所生產的 iPSC 細胞株，可提供幾百萬人使用。

　　HLA 同型合子 iPSC 細胞庫在異體使用，扮演著重要的角色。台灣中研院生醫所的研究團隊，已經收集且建立了數個

HLA 同型合子的 iPSC，因此台灣在這方面的發展也在進行
中。

　　目前日本京都大學使用 iPSC 細胞庫正進行的臨床研究，
主要是用在治療帕金森氏症的神經細胞、治療黃斑部病變的視
網膜細胞、治療角膜缺損的角膜細胞、用於輸血的血液細胞、
治療心臟衰竭的心肌細胞、治療脊椎損傷的神經幹細胞，未來
在肝、胰、腎、免疫、軟骨細胞上，也會取得核准進行的臨床
研究。

　　2017 年起，日本有 3 件 iPSC 臨床試驗正進行中，這 3 件
臨床試驗分別是針對黃斑部病變、心肌症及帕金森氏症。其
中，除了黃斑部病變是使用病人自體的 iPSC 外，其餘兩個臨
床試驗，皆是使用來自京都大學的 HLA 相符、異體的 iPSC。
慶應義塾大學岡野榮之教授主導許多 iPSC 細胞治療脊髓損傷
患者計畫，是以京都大學 iPSC 細胞研究所提供的 iPSC 細胞製
成神經細胞，並將 200 萬個細胞注入脊椎損傷部位，製造傳達
來自腦部訊號的組織細胞，以期病患可恢復運動機能或知覺。
該計畫在 2019 年 2 月獲日本厚勞省批准而創全球首例。日本
已進行多項異體 iPSC 的臨床試驗，代表異體 iPSC 在安全性
上，取得日本醫藥品醫療機器總合機構（Pharmaceuticals and
Medical Devices Agency, PMDA）的信任，也代表著異體細胞的
運用，不再是遙不可及的。

十五、iPSC 技術在醫療之應用

　　目前 iPSC 的應用領域，主要涵蓋了細胞治療、藥物研

發、毒理測試、疾病模式建立、個人化醫療。相對於其他治療方式，iPSC 用於細胞治療的關鍵優勢，在於符合倫理法規和現貨即用（off-the-shelf）方式。藉助基因工程技術，iPSC 能針對不同疾病大規模生產細胞治療產品。

利用 iPSC 技術，經由對體細胞的重新編程，可在培養皿中建立出疾病模式進行測試，大幅降低了疾病模式建立的困難度與複雜度，進而可推動癌症、心血管、神經退化性疾病等多方面疾病研究領域的大幅躍進。以下例子可說明 iPSC 未來應用之情境。

如果有人可能得了中風而進了醫院，主治醫師認為可能是得了「肌萎縮性側索硬化症」（Amyotrophic lateral sclerosis, ALS），為神經系統控制肌肉的運動神經有了問題。因而刮取一些病患皮膚，加些特殊藥品混合液，在 iPSC 技術下，使這些皮膚細胞轉變成運動神經。這些轉變成運動神經的細胞，和病患原有的運動神經相同，故可用來檢驗這些細胞是否含有 ALS 的缺陷。檢驗的結果若證明病患是得了 ALS，而非中風。醫師即可施予目前可以延緩這種病症的藥物，但是這種藥物對於百分之廿病人的心臟有害。因此需要進一步的測試。於是，醫院再使用另一種藥物混合液，把這病患的皮膚細胞轉變成一群心肌細胞，在培養皿裡形成一層很薄，但會如心肌跳動的組織，再把可以用來治療 ALS 的藥物，加在培養皿裡的心肌細胞，觀察反應。結果若發現這藥物不會產生毒害，這病患即可服用這種藥物。

十六、iPSC 在應用上面臨的問題

2006 年山中伸彌把四個轉錄因子 Oct4、Sox2、klf4、c-Myc，藉由反轉錄病毒，帶到細胞裡面，成功的把一些細胞變回多能幹細胞，然後從多能幹細胞就能分化成各種細胞，這潛力無限的概念，使他得到 2012 年諾貝爾醫學獎的殊榮。現在最新的技術並不利用反轉錄病毒帶入，因為使用病毒有一些疑慮，因此改用的是質體，質體有類似病毒的架構可以插入DNA，再進一步透過電擊細胞，或者是利用一些奈米顆粒等，讓細胞膜可以被穿透，好讓質體能夠進入目標細胞中。

在日本山中教授之後的很多其他研究案例中，有些已進步到只需要轉錄因子 Oct3/4 即可促進細胞的重編程。之所以如此，最主要仍是依據細胞內基因的表現量。例如神經幹細胞中富含 Sox2，因此不用外加 Sox2 即可誘導形成 iPSC。山中教授製作 iPSC 的轉錄因子中，c-Myc 本身就是一個致癌基因，其雖可以增加 iPSC 細胞的形成效率，但是製作出來的 iPSC 可能有相當大的致癌風險。山中後來也改用另一個轉錄因子 n-Myc 來取代 c-Myc，目前科學界普遍把 c-Myc 之外的另外三個轉錄因子，合稱 OSK 山中因子，在觸發成熟細胞重返不成熟狀態時使用。

另外，使用一些小分子，例如維生素 C，或是 DNA 甲基轉移酶抑制劑（DNA methyltransferase inhibitors）、組織蛋白去乙醯酶抑制劑（histone deacetylase inhibitor），來輔助染色體的組裝，均被證實可以有效增加重編程的效率。如何將這幾個轉錄因子「導入」體細胞，也是 iPSC 在使用時重要選擇。在

早期的 iPSC 研究，常利用一些病毒載體，包括反轉錄病毒、腺病毒及慢病毒等載體，近來也發展出有使用非病毒質體、基因的蛋白質產物，來誘導 iPSC 的形成。不同的導入方式，也影響 iPSC 形成之效率與使用安全性。

　　目前在操作上，多是利用添加特定的成長因子到培養液中，來促進 iPSC 分化為特定的細胞，但其效果並非百分之百。因而，如何讓 iPSC 更有效率的分化，為目前再生醫學廠商著眼的重點之一。而且這些成長因子的價格不斐，若是能找到可行的其他替代方案，則可為廠商節省成本、增加競爭力。

十七、多種幹細胞的多元發展趨勢

　　幹細胞治療技術日新月異，生醫科學界一直在找尋其他種類幹細胞之新的治療方法，在新的來源及新的給藥途徑上作研發。如腦部可能使用分化能力更強的羊膜上皮細胞，在心臟則用血管內皮幹細胞作來源。

　　對於嚴重瀰漫性冠狀動脈疾病，若不適合進行冠狀動脈繞道手術（coronary artery bypass graft, CABG）的病人，於冠狀動脈內施打自體血管內皮幹細胞，以病人活動程度（physical activity）、心絞痛程度（angina pectoris）和左心室功能（LV pertormance）改善程度，來評估冠狀動脈內施打自體血管內皮幹細胞後，左心室功能恢復的程度。

　　神經幹細胞的研究和臨床應用更是近年來，中樞神經系統退化疾病、腦脊髓損傷，及再生醫學研究的焦點。腦內神經元種類繁多且功能極為複雜，不同功能的神經元分布在腦內不同

部位，透過合成及釋放神經傳遞物質以發揮各自獨特的功能，又相互整合神經網路的訊息。因此，若能誘導神經幹細胞分化成具有生理功能性的神經細胞，且能與周圍的神經形成適當的網路，以整合執行該有的生理功能，即能有效治療各種與神經相關病症。

其實，幹細胞的來源可來自全身，運用在本部位或其他部位，例如採集皮膚毛囊幹細胞可用於頭部植髮，此技術已日益成熟。

在臨床治療效果上，近年來組織工程和細胞治療的結合已是必然趨勢。例如在視網膜利用上皮幹細胞修復上，台灣榮總在臨床試驗利用「多功能植入視網膜生物支架系統」，進行黃斑部視網膜（大面積）病變之幹細胞移植修復，利用生物支架鋪上一層幹細胞，作眼部視網膜修復治療。

日本 Cellseed 公司在 2017 年已經將食道癌手術傷口部位之上皮細胞層片、膝關節軟骨細胞層片等技術授權給台灣三顧公司，後又合資在台從事神經細胞層片的開發，治療之適應症涵蓋各種關節症候群、中風偏癱等，並將應用於中樞神經系統的神經細胞層片開發，以治療脊椎損傷等症狀。

細胞層片為具有創新性之組織工程材料，可用以重建中樞及周邊神經血管組織。目前英國已有公司，以細胞層片結構物，結合神經幹細胞以及血管內皮細胞，作為生物醫學材料，用來治療腦創傷、腦中風、脊髓損傷、糖尿病等。

4

間質幹細胞廣泛
適用在各項適應症

一、MSC已普遍應用在退化性關節炎

　　退化性關節炎是一種影響關節的退化性疾病，隨著年紀的增長，防止骨頭相互磨損的軟骨會退化，引起疼痛、僵硬。軟骨無法自我更新，但間質幹細胞的分化能力及分泌的細胞激素，具有促進軟骨增殖的能力。運動員關節較一般人耗損的多，受傷風險大，關節退化非常快，補充間質幹細胞已成為運動員常用的治療方式。

　　膝關節損傷在第二、第三期，可使用藥物、物理復健或關節鏡手術改善疼痛症狀，此時也是適合增生及再生療法介入的好時機（PRP注射、SVF，以及脂肪間質幹細胞治療），可延長膝關節使用年限。此外，軟骨損傷常見的治療方式，包括透過挖取自體軟骨組織進行修補的馬賽克成型手術（mosaicplasty），而手術成效常因可供挖取的完好軟骨之處有限，及可能造成日後原供處反而損傷之副作用等原因，使效果有所侷限。

　　對於退化性膝關節炎自體脂肪間質幹細胞治療，作法上也可取自膝關節脂肪墊。脂肪墊為膝關節中最大的組織，主要作

用可以加強關節穩定、吸收震盪、避免過度摩擦與刺激。

　　目前國內即有許多醫院依衛福部《特管法》執行「自體脂肪幹細胞治療退化性關節炎」，使用自體脂肪幹細胞，收治第二到第三期的退化性關節炎患者。不過患者做此項治療前，需先經醫師評估是否符合收案條件才可進行細胞治療，如果有下肢內翻或外翻變形，必要時還應合併「O 型腿矯正截骨手術」或「關節鏡發炎滑膜清創手術」。

　　在 MSC 的關節治療上，要用多少劑量及頻次，仍應是治療成敗的重點，有的醫師一次打入二千萬顆細胞，有的每次只打五百萬顆細胞，多打幾次。在操作上，有的還配合使用震波及注射玻尿酸，以利歸巢效應。

　　異體 MSC 的治療，目前在各國也普遍採行。早在 2012 年韓國 FDA 就已經批准 CARTISTEM 產品上市，用於治療退化性關節炎，其主要有效成分為新生胎兒臍帶間質幹細胞，CARTISTEM 同時也是全球第一個獲批的異體幹細胞藥物。

二、MSC 是糖尿病及皮膚傷口癒合的有效療法

　　第一型糖尿病的患者是遺傳性的，是由於胰臟不能產生胰島素，或者分泌的胰島素太少。另外，對於第二型糖尿病患者，其身體胰島細胞可能仍然正常運作，但是患者的血液中胰島素功能不足，促使全身細胞只吸收部分葡萄糖，其大多仍然留在血液中，引起高血糖症。第一型糖尿病會引發眼盲、腎衰竭、心臟病和中風等嚴重的併發症。胰腺裡製造胰島素的 beta 細胞，負責調節血液中的糖分，透過釋放胰島素以保持血糖穩

定。如果這些細胞大量減少，人就會面臨血糖過高或過低的風險。間質幹細胞對這二型病患均可以幫助胰腺的胰島細胞，恢復應有的功能。

截止 2020 年 1 月，美國國家衛生研究院（NIH）的臨床試驗註冊網站（clinicaltrials.gov），全球正在開展的糖尿病相關幹細胞治療臨床試驗共計有 208 項，其中中國大陸註冊項目即有 42 項，主要涉及一型糖尿病、二型糖尿病以及糖尿病血管病變、神經病變、糖尿病足等併發症的治療。中國大陸有些大醫院在此方面經驗已成熟，花十幾萬人民幣治療糖尿病的行情很普遍。

糖尿病及許多的局部或全身性慢性病，會造成大範圍的難癒傷口，嚴重影響患者的正常生活。間質幹細胞除了能促進細胞再生及血管增生，還可以分化成為缺損組織的細胞，促進傷口的癒合。

在傷口癒合的過程中，必須要有角質細胞或是纖維母細胞，才能幫助傷口癒合。間質幹細胞可以分化成為皮膚細胞的一部分，修復受損的細胞組織，間質幹細胞還可以分泌生長因子，活化傷口附近殘存的組織細胞，促進細胞再生及血管增生，加速傷口的癒合。根據三總人體臨床經驗，糖尿病足困難傷口的治療，每周在傷口上噴灑自體間質幹細胞，連續 10～12 周，就有不錯的癒合效果。

在衛福部頒布的細胞治療《特管法》，即包括用自體脂肪間質幹細胞移植，用於癒合困難傷口治療。三總是國內第一家核准的自體細胞治療傷口申請醫院。以往治療慢性傷口必須不斷清創、取皮、補皮，但手術成功率低，患者飽受痛苦。

三、脊髓損傷是 MSC 治療可行適應症

　　脊髓的損傷是人體最嚴重的創傷之一，取決於受傷發生的部位，病患可能再也不能走路，甚至不能移動手臂。長期以來，這種創傷是完全無法彌補的，只有一些神經外科手術，可讓患者恢復功能。現在則可利用間質幹細胞提供更好機會，來修復受損神經，透過間質幹細胞注射到損傷部位，能夠使幹細胞前往受傷的部位重建功能。

　　2004 年韓國一位醫師為因車禍導致第十胸椎骨折合併脊髓損傷導致下肢癱瘓的女性，進行世界第一例的配對異體臍帶血幹細胞移植，手術後確實在癱瘓了 19 年後能站起來走了幾步，而受到世界媒體廣泛報導。

　　根據台灣《特管法》附表三所列的六大項目細胞治療的適應症中，只有自體骨髓間質幹細胞移植的適應症，有包括脊髓損傷。台灣尖端醫藥公司和台中光田醫院在此方面案例不少。

四、MSC 在嚴重下肢缺血的治療未來將日漸普及

　　重度下肢缺血，或稱嚴重肢體缺血（critical limb ischemia, CLI），是一種嚴重的周邊動脈疾病，一般會引起疼痛或潰瘍，嚴重時會導致特定的肢體截肢。同時這種疾病的患者，心肌梗塞、腦中風的發生機率也比較高。

　　最早在 2001 年就有日本團隊應用自體骨髓幹細胞移植，治療下肢缺血的相關臨床研究。該療法初步表現出了臨床安全性和有效性。在 2003 年中國大陸北京宣武醫院開始的臨床試

驗，也表現出相當好的療效。在這一領域，中國大陸博雅控股集團旗下的賽斯卡醫療公司處於領先地位，其基於手術室即時快速輸注系統的下肢缺血治療三期臨床試驗，已經獲得美國FDA的批准，產品的安全性和有效性有良好的肯定。

根據台灣《特管法》附表三所列的六大項目細胞治療的適應症中，只有自體周邊血造血幹細胞移植的適應症，有包括嚴重下肢缺血症。

五、MSC 治療腦中風是難度最高但市場需求很大

腦中風的死亡率是神經血管疾病中最高，台灣每年發生腦中風的患者約三萬五千人，死於腦中風人數約一萬三千。在缺血性腦中風的細胞治療上，台灣多家生技公司和醫院已合作進行多項人體實驗，包括仲恩（台北榮總）、尖端醫（花蓮慈濟）、長聖（中國附醫）、國璽（花蓮慈濟）、高雄長庚。其中仲恩、國璽是使用異體脂肪間質幹細胞，尖端醫、長聖使用自體骨髓間質幹細胞，高雄長庚則使用自體周邊血液造血幹細胞及內皮幹細胞作了兩期人體實驗。可見此方面台灣已累積有相當多的經驗。

對於缺血性腦中風，目前最新的諸多人體試驗中，許多是採特定組織的神經幹細胞（如嗅神經）、胚胎幹細胞、基因重編程的最新 iPSC 技術，在體外培養出神經細胞再植入人體，期達到修復損傷的腦細胞之目的。

在 2017 年，美國 Athersys 公司採用「異體」骨髓來源的MultiStem 間質幹細胞產品，在治療重度缺血性腦中風的二期

臨床試驗，顯示腦中風患者對 MultiStem 的耐受性良好，無嚴重副作用。該療法獲得美國 FDA 批准進入三期臨床試驗。另在神經幹細胞領域，英國 ReNeuron 公司研發的 CTX 細胞，是目前全球商業化程度最高的神經幹細胞產品，CTX 細胞的治療方案在一期臨床中表現出良好的耐受性，並且接受治療的患者經過 90 天的治療，在總分 6 分的量表評定中提高了 1 分。目前全球在腦中風的細胞治療，有不少人體試驗案正在進行。

　　腦中風細胞治療的輸入途徑，包括靜脈注射、頸動脈注射、脊髓腔注射、經顱注射、由鼠蹊部穿刺股動脈注射。靜脈注射就像打點滴，是最安全，但是靜脈血液要進入腦部前，會在心臟、肺臟進行氧氣交換，這時幹細胞就會被篩除掉。動脈跟脊髓腔注射雖然不用經過心肺，但也有動脈阻塞，再一次中風的風險。而開腦的手術就在受損的腦部進行手術，需要承擔很大的腦水腫風險，對病情還不穩定的病患，是不適合的。

　　採用靜脈注射是最安全又簡單，但細胞可到達腦部的比率實在很低。例如，最近美國 Stemedica 公司即是以異體 MSC 供靜脈注射，治療慢性缺血性腦中風。在第二期人體試驗所輸入的細胞數量，是依體重每公斤輸入 150 萬顆細胞之劑量。

　　依國內現行《特管法》，開放採用自體周邊血造血幹細胞來治療「慢性」缺血性腦中風。根據多項人體試驗的結論，以發生一個月後介入治療，為最佳介入時機。

六、MSC 治療心臟疾病之技術已日益成熟

　　間質幹細胞治療心臟病，主要集中在心肌梗塞和心臟衰竭

的治療上。在這一方面，韓國藥監局已走在世界前列。韓國在2011 年 7 月就批准了 Hearticellgram-AMI 幹細胞藥物，用於治療急性心肌梗塞。這款產品從患者自身骨髓中提取間質幹細胞移植注入冠狀動脈，屬於自體細胞移植的細胞治療產品，其主要療效也是來自間質幹細胞提供的修復功能。

澳洲 Mesoblast 公司 Revasco 產品，即是由 1.5 億個間質幹細胞，透過直接注射到患者的心肌中治療心臟疾病。

利用層片技術是近年來在心臟病細胞治療上的新突破。日本東京女子醫科大學岡野光夫教授，利用溫度感應的細胞培養皿，將患者的自體細胞在體外培養製作成約 0.1 毫米的細胞薄片，在沒有支架（scaffolds）的情況下，堆疊建構成類似活體的立體組織，作器官再生和修補。大阪大學醫學部澤芳樹教授並把這個技術用來治療心臟衰竭，應用肌肉母細胞薄片作心肌修補。

目前在幹細胞治療心衰領域比較熱門的，是利用 iPSC 分化的心肌細胞進行治療。iPSC 在體外被誘導分化成心肌細胞，之後通過手術被植入到患者的心臟上，被拜耳以十億美元收購的 BlueRock Therapeutics 公司，就是在進行這方面的產品開發。

七、MSC 在眼科方面的幹細胞治療日益成熟

台灣 65 歲以上人口約有 10%罹患老年性黃斑部病變，其中 30%患者因為視網膜及感光細胞產生不可逆的退化，是台灣老年人失明的第一大主因。出血性老年性黃斑部病變，就是

在視網膜色素上皮細胞（pigment epithelium）層退化而長出新生血管，產生水腫、出血等現象，導致看東西扭曲變形，視野中央出現黑影。目前臨床治療為眼內注射抗血管新生藥物，每1至3個月需注射一次，至於視網膜已嚴重損壞、感光細胞萎縮的患者，至今尚無有效治療方式。

在2019年國際學術期刊Cells中，刊出台灣慈濟醫院研究團隊將iPSC細胞應用在視網膜退化與視神經萎縮病人的治療上，首度成功由「人類誘導式多功能幹細胞」（iPSC）培育出「視網膜節細胞」，並進一步形成有視神經傳導功能的視神經結構，未來可望應用在青光眼合併視神經萎縮患者。

日本理化學研究院（RIKEN）高雅橋代的團隊，更成功以「誘導式多能幹細胞」（iPSC）培育出色素上皮細胞，通過日本衛生部的審查同意進行臨床實驗；作法是將患者身上取出皮膚細胞，將其轉化為iPSC細胞，再誘導iPSC細胞變為視網膜色素上皮細胞薄片，植入受損視網膜內的纖維層。

在眼睛上的角膜損傷治療，目前在幹細胞治療上，可採集角膜邊緣的輪狀部位幹細胞，在體外進行擴增再回輸的治療方式。當然也可利用iPSC技術，植入角膜最外之上皮層及內皮層幹細胞作修復。

八、MSC未來將普遍用在婦科疾病的修復功能上

對於子宮內膜損傷修復的困難，可能是子宮內膜基底層的幹細胞數量減少。與此有關之研究也相當多，而外源性的補充幹細胞，也成為子宮內膜損傷後修復的新治療方法。血管新生

是子宮內膜損傷後修復過程中，不可少的環節。應用幹細胞的細胞激素可刺激缺血組織的血管新生，可提高組織的供血供氧，並利用幹細胞的趨化和遷移能力（歸巢能力），而發揮組織修復功能。

間質幹細胞在子宮內膜修復的作用方面，由於其強大的修復能力，目前已有研究團隊，將間質幹細胞附著在膠原支架上，然後將其放到病患子宮中，並結合傳統的子宮腔鏡，對受損子宮內膜作功能性修復，使病患相繼成功懷孕並順利生產。

MSC 對於放療、化療導致的卵巢功能損傷與卵巢早衰的治療，已在臨床上使用。尤其在不孕症的領域，由於 MSC 具有低免疫原性、高免疫耐受及免疫調節，可增加自然受孕率和輔助生殖技術的成功率。針對臨床上習慣性流產，尤其是免疫性流產患者的治療，MSC 具有治療作用。

總之，透過幹細胞移植，可對生殖系統進行修復和改善，或者利用幹細胞分泌特定的生長因子及細胞激素，可達到治療生殖疾病的目的。

九、免疫調節是最穩定而最備受肯定的療效

目前在大多數的治療方案中，間質幹細胞的分化特性，其實並沒有被很好的運用，大多的是利用其分泌生長因子、細胞激素的功能，幫助受損組織進行自我修復和重建。MSC 能夠抑制免疫細胞的自身免疫反應，減少「促炎」細胞激素的分泌，並增加「抗發炎」細胞激素的分泌，故 MSC 可通過免疫調節的方式，可阻斷許多自體免疫疾病的發病。

　　間質幹細胞能夠有效地治療，對免疫抑制劑不敏感的急性「移植物抗宿主疾病」（GVHD），具有免疫上的某些功能，如分泌多種細胞激素和生長因子，可調節 T 細胞、NK 細胞、B 細胞、嗜中性球、巨噬細胞等多種免疫細胞的活性，誘導抗發炎反應和免疫耐受力。

　　全球第一個利用異體骨髓間質幹細胞，治療伴隨造血幹細胞移植發生的「移植物抗宿主疾病」（GVHD），是著名美國 Osiris 公司 Prochymal 產品。在 2009 年即在美國取得上市核准，2012 年取得加拿大核准。在 2013 年，Osiris 公司以 1 億美元將 Prochymal 和 Chondrogen 兩項產品轉讓給澳大利亞 Mesoblast 公司。2015 年，該產品在日本以 Temcell 名義核准上市。

　　美國 FDA 所核准上市的細胞治療產品，在這十年來，最早以臍帶血造血幹細胞及皮膚角質細胞、眼睛角膜幹細胞為主，近年來則以 CAR-T 免疫細胞為主，間質幹細胞只核准過 Prochymal，用於免疫調節。

　　台灣國衛院的幹細胞研究過去一直有所成就，在 2005 年即領先全球從胎盤間質幹細胞分化出神經細胞，又於 2010 年利用胎兒臍帶內皮細胞製造出多能幹細胞，並於間質幹細胞中找到調節自體免疫的關鍵機制。

　　自體免疫疾病是一種人體內自己的免疫系統攻擊自己身體正常細胞的疾病，原本應扮演人體防禦角色的免疫細胞，在轉錄因子過度活化刺激下，產生大量發炎相關之細胞激素，因而攻擊自體的健康組織及器官，造成發炎性多重系統慢性疾病。

　　間質幹細胞的免疫抑制調節功能之作用機制，主要是增加

CD14-/CD11b+/CD33+「骨髓衍生抑制細胞」（MDSC）的數
目。骨髓衍生抑制細胞是一群由骨髓幹細胞衍生而來的前驅細
胞，具有抑制免疫反應的能力。間質幹細胞能增加骨髓衍生抑
制細胞數量的機制，是透過其所分泌的肝臟細胞生長因子，其
所產生的骨髓衍生抑制細胞，有很強的免疫抑制功能。

　　總之，自身免疫疾病的治療是 MSC 最有利及成效的適應
症。間質幹細胞療法除了可以幫助修復遭受自身免疫系統攻擊
而受損的組織，便於患者恢復健康；幹細胞更可以調節免疫系
統，使其不再攻擊自己身體組織，而只攻擊外來真正病原體。

十、MSC 更用在治療肆虐全球的新冠肺炎

　　間質幹細胞對冠狀病毒引發的肺部等器官損傷，具有治療
作用。主要是透過間質幹細胞自身免疫調節功能，降低病患異
常免疫反應（體內「細胞激素風暴」免疫作用對組織的損
傷）。並且可透過幹細胞的再生功能，修復肺部等器官的損
傷。面對新冠病毒引起的重症肺炎，間質幹細胞是可行治療方
式，尤其是沒有任何副作用。肺部在染上病毒後，直接成為免
疫系統攻擊的對象，傳統上是用藥物降低免疫反應，但同時也
帶來了後遺症。

　　新冠肺炎在全球奪走幾十萬條人命，救人刻不容緩之際，
在 2020 年 4 月 5 日美國 FDA 破天荒在一周內審核，批准美國
臍帶間質幹細胞治療新冠肺炎的臨床試驗，希望間質幹細胞
（MSC）成為治療新冠肺炎的武器之一。一般情況下，急性
呼吸窘迫症候群（ARDS）患者的死亡率通常為 30%至 50%，

美國 Athersys 公司的 MultiStem 的第二期人體試驗數據顯示，在確診後的最初幾天內，使用這款間質幹細胞療法，重症肺部急性呼吸窘迫症候群患者的死亡率，從 50%下降到 20%。在該公司官網新聞的數據顯示，在 28 天的臨床評估期間，接受 MultiStem 治療的患者，平均無使用呼吸機天數為 12.9 天，而接受安慰劑治療的患者為 9.2 天，從而減少了肺部傷痕形成的可能性；接受 MultiStem 治療的患者在 7 天內關閉呼吸機，安慰劑治療的患者需要 3.5 周；接受該治療的患者不需要重症加護病房（ICU）護理的平均天數為 10.3，而安慰劑組為 8.1。

其實早在 2017 年，即有某美國廠商展開 MSC 第一期人體臨床試驗，用以降低流感、肺炎導致的「急性呼吸窘迫症候群」（ARDS）之嚴重肺損傷。過去中、重度 ARDS 病人住院平均致死率約為 42%～80%，結果發現，臍帶間質幹細胞治療中、重度 ARDS 病人的死亡率降為 33.3%。該結果於 2020 年 3 月發表於國際重症醫學期刊 Critical care medicine。

不光美國的幹細胞療法「臨危受命」，在全球疫情影響之下，越來越多的國家開始加入幹細胞抗疫大軍，日本生物技術公司 Healios 也以 HLCM051（MultiStem）治療 ARDS 和缺血性中風。

2020 年一篇發表在權威的《衰老與疾病》（Aging and Disease）期刊的論文，是由中國大陸北京首都醫學大學附屬佑安醫院替 7 名新冠肺炎住院患者，進行靜脈注射間質幹細胞治療的結果報告，其中有一名是急重症，四名重症和兩名中度症狀。兩名中度症和一名重症患者在治療後 10 天即康復出院，其餘四名病情顯然改善，無人死亡。相比之下，對照組是三名

重症患者，給予正常支持性治療，並注射安慰劑，其中一名死亡，一名發生急性呼吸窘迫症候群（ARDS）變得更加嚴重，另一名病情穩定。總共是十名病人參與臨床試驗。所有病人都是 RT-PCR 檢測為陽性，且已排除有重大疾病（像癌症）。這次治療用的間質幹細胞是來自上海市上海大學生命科學院實驗室，並且經國家藥監局認證通過，所有間質幹細胞懸浮在 100ml 的標準食鹽水中，病人每公斤重給予一百萬顆間質幹細胞，靜脈注射點滴速度為每分鐘 40 滴。

　　國內訊聯公司早在 2015 年起在臍帶間質幹細胞治療急性呼吸窘迫症候群（ARDS）上即與中山醫學大學合作臍帶間質幹細胞治療 ARDS 的一期人體臨床試驗案，並已進入二期人體臨床試驗，治療新冠肺炎康復後的後遺症「肺部纖維化」。此外，高雄長庚醫療研究團隊，自 2015 年起就在進行臍帶間質幹細胞治療 ARDS 的動物實驗，研究團隊觀察到從人類臍帶瓦通氏凝膠（Wharton's Jelly）取得的 MSC，能抑制發炎、免疫反應，因此協同訊聯生技公司 GTP 實驗室提供新生兒臍帶 MSC，展開為期四年的一期人體臨床試驗。初步結果顯示，在治療中、重度 ARDS 病人，並無發生與試驗相關的嚴重不良反應；根據過去研究，中、重度 ARDS 病人住院平均致死率約為 42%至 80%，研究結果發現，以 MSC 治療中、重度 ARDS 病人的死亡率，下降約為 33.3%。

十一、間質幹細胞的其他廣泛性適應症

　　間質幹細胞的適應症除了上述十個大類，更包括骨、肝、

腎等諸多方面。間質幹細胞在組織損傷的修復之應用，也包括
治療俗稱玻璃娃娃的「成骨不全症」（osteogenesisimperfecta）。
成骨不全症是一種遺傳疾病，無法正常地製造第一型膠原蛋
白，造成骨質易斷裂。患此種疾病的孩童會出現畸形及身材嬌
小的症狀。1999 年首次有美國患者進行骨髓間質幹細胞移植
治療，三個月後可偵測到成骨細胞中，礦物質增加 21.29 公
克，對此病症狀的治療效果顯著。

　　台灣仲恩（與台北榮總合作）公司及國璽（與中國附醫合
作）公司，均有使用脂肪間質幹細胞，分別治療急性肝衰竭、
肝硬化的一期人體實驗。此外，台灣向榮公司和林口長庚、雙
和醫院合作，使用異體脂肪幹細胞，進行治療中重度腎衰竭的
二期人體實驗。均說明間質幹細胞適應症之廣泛。

十二、間質幹細胞在「來源」上的多元化

　　目前在世界上各國細胞治療上，「脂肪」來源的 MSC，
因為取得方便而最常被使用，而且其分化能力比傳統來源的
「臍帶血」、「骨髓」之間質幹細胞來得廣泛。根據研究顯
示，在 MSC 分化成肌、內皮、胰島細胞方面，脂肪幹細胞是
這三種中最好來源；在成骨、軟骨、肝、心肌細胞方面，三種
來源均很合用。至於神經細胞的來源，則臍帶血是不易分化成
的，其他兩種可適用。而前述幾種不同組織之細胞，均可由脂
肪幹細胞分化形成。

　　「脂肪來源幹細胞」（ADSC）可分泌多種生長因子來幫
助細胞的增殖，包括肝臟生長因子（HGF）、血管內皮生長

因子（VEGF）、類胰島素生長因子（IGF）和血小板來源生
長因子（PDGF）等生長因子。此特性可使用在禿頭缺髮治療
上，在頭髮促進發育過程中，增加毛囊的大小。

最近有韓國的研究明確，ADSC 能促進缺髮禿頭的人生長
頭髮。其是從脂肪組織中採集的間質幹細胞製成的溶液，證明
對治療禿髮是安全和有效的。韓國釜山大學研究小組招募了
38 名患有雄性禿（androgenetic alopecia, AGA）的患者，接受局
部用 ADSC 溶液治療。其中一半作為對照組，接受安慰劑治
療。每天兩次，每位患者用手指在頭皮上塗抹 ADSC 局部用
溶液或安慰劑。在 16 周結束後，接受 ADSC 一組的毛髮數量
和毛囊直徑都有顯著增加。

十三、間質幹細胞臨床治療普遍存在問題

間質幹細胞基本上具有向損傷組織趨化和遷移的能力，並
可直接分化為血管細胞，促進血管新生機制，在組織發生損傷
時，促進組織的修復，還可透過「自分泌」和「旁分泌」作用
產生細胞激素等諸多功能。不過，在人體內要驅動各種細胞激
素，並不是在變魔法，不是唸唸咒語，它就會照著你想要的功
能，去誘導幹細胞發生預期作用。要如何引導幹細胞依我們的
期待去分化並擴增？每個環節都涉及非常複雜的機制。

依受損部位之不同，需考慮植入細胞之方式，血液疾病之
治療可經由靜脈注射幹細胞，其他組織疾病者，則可以直接將
細胞直接注射於受損部位，例如可用心導管將幹細胞定位移植
到心肌壞死之心臟部位，或透過其他儀器定位移植導入中風及

脊髓損傷部位。在這些特殊部位幹細胞的存活率之探討，以及如何將細胞利用特殊器械打到所要部位，而不致有太多幹細胞隨液體流失，是細胞治療中很重要的一個一直在進行研發之技術（包括設備）。

給藥途徑一直是幹細胞治療的一大技術難點。幹細胞治療面向的適應症，大多具有明確的患病部位，同時幹細胞需要精準抵達目標部位，才能達到最佳治療效果。因此，和化學藥物及非細胞類生物藥物相比，幹細胞治療並不適合口服或靜脈注射等全身給藥的方式。目前已經獲批上市的產品中，除了治療血液循環系統疾病和移植物抗宿主的幾款產品之外，大多數產品的使用方式，是直接將產品注射到患者的患病部位。對於以iPSC 為基礎的幹細胞治療方案，目前更多的選擇仍是透過外科手術，直接將幹細胞植入患者的相應部位。這樣的治療方式能讓幹細胞更加緊密的貼合到患病組織位置，達到更好的治療效果。

在給藥途徑上，有些部位必須以層片的形式較會黏附，如膝關節軟骨、皮膚、心肌、眼部（角膜、視網膜）等，尤其腦中風治療以神經、血管細胞組合的層片或能在修復上不必太深入也能有同樣效果。因此，在幹細胞治療研發的早期，許多就需要考慮給藥途徑的問題，尤其最需要與臨床醫師協助，了解治療方案在臨床過程中的操作難度。

十四、近年來間質幹細胞外泌體發展神速原因

對於部分目前沒有有效療法的疾病來說，間質幹細胞

（MSC）的免疫調節和再生修復特性，成為可能的替代治療選擇。但經過許多臨床試驗的結果，間質幹細胞的注射仍有很多問題存在。基於細胞治療相關性，近年來大量科學家後續開發 MSC 外泌體的治療方法，希望有更好的臨床治療效果。

MSC 外泌體是由 MSC 分泌的奈米級胞外囊泡，是一種「非細胞」治療方法。MSC 外泌體保留了部分起源細胞的治療特徵，包括遺傳物質、脂質和蛋白質。外泌體與 MSC 類似，外泌體可以誘導細胞分化、免疫調節、血管生成和腫瘤抑制。因此，MSC 外泌體已被大量用於多種疾病臨床研究。

也就是說，儘管不少使用 MSC 的一些臨床前研究和臨床試驗的結果很成功，但仍有很多 MSC 治療後的臨床結果，沒有顯著改善疾病嚴重程度，這使得目前很多基於 MSC 的治療仍存在爭議。改善 MSC 治療策略的另一種方法，即是使用細胞外囊泡（EV）或外泌體。

MSC（間質幹細胞）外泌體可能比 MSC 更適合臨床應用，是因 MSC 外泌體沒有免疫原性問題，並且不太可能像注入人體的 MSC 一樣，被困在肺或肝臟中而仍保持其來源細胞的治療功能。MSC 衍生的外泌體在臨床前的研究中，其治療潛力已得到相當多的證實，被評估為多種罕見疾病的替代療法，因為它們具有免疫調節（包括活化免疫細胞）和刺激組織再生的能力。其治療效果的基礎在於「細胞」間的介導作用，和可溶性細胞激素釋放引起的環境變化。奈米級的外泌體被認為是 MSC 替代品，因為它們具有與 MSC 相似的治療特徵。外泌體可能比 MSC 具有更大的臨床應用潛力，因為他們具有較低的免疫原性和致癌性。因此，MSC 外泌體的使用，為

MSC 的臨床應用開闢了新的途徑。

　　MSC 或源自 MSC 的外泌體之最突出的特徵，是它們的免疫調節能力。MSC 外泌體或 EV 尺寸約為 100 nm，可以通過氣溶膠吸入，具有免疫調節功能，已被用於治療呼吸道疾病，例如哮喘、肺支氣管發育不良和 ARDS。MSC 及其衍生物也被證明可以透過減輕症狀和恢復正常生理功能，來有效抑制流感及新冠病毒感染。臨床試驗已證明，MSC 可降低病毒引起的肺損傷嚴重程度並降低死亡率。儘管與 MSC 相比，外泌體的生產在技術和經濟效率較低下，但外泌體在治療呼吸道傳播疾病方面具有優勢，因為與通過靜脈途徑注射的 MSC 不同，外泌體不會被困在肺部。

　　為取得上述外泌體之有效功能性成分，應利用外泌體最常見的表面蛋白標記（即 CD9，CD63，CD81）來分離不要的其他物質。目前在台灣醫美市場所見的外泌體規格，一般是以每毫升多少顆囊泡數量作定價規格，但若以最新的藍色雷射分析儀取代目前普遍採用的 NTA（奈米顆粒追蹤儀，只能確定顆粒大小並以顆粒數量來確定濃度），經由表面蛋白標記的篩選，可能測得真正是外泌體的不到三分之一。這是一般大眾所不知的。

5

造血幹細胞之
內涵與應用

一、造血幹細胞之來源及分化

造血幹細胞（hematopoietic stem cells, HSCs）是可以分化出所有血球的幹細胞，其增殖、分化血球的過程，稱作造血作用，主要發生在骨髓，而骨髓則是在胚胎發育過程中，從中胚層分化出來的。造血幹細胞具有「多潛能性」（multipotency），和自我更新（self-renew）的特質。人類造血作用大多發生在骨髓內，從有限的造血幹細胞分化出體內所有成熟的血球，這個作用受到身體嚴密的調控與平衡，在大量需求（每天產生超過千億個血球）和精準數量之間會取得平衡。

人類的造血幹細胞在胚齡 2～3 周時開始產生，主要產生位置在卵黃囊。胚齡第 2～3 月時，主要產生造血幹細胞的位置在肝和脾。胚齡第 5 個月起，一直到出生之後，主要產生造血幹細胞的位置，則轉移到骨髓。

造血幹細胞在分化血球的過程中，是先分化成「多潛能祖細胞」（multipotent progenitor cell, MPC），繼而才分化為「淋巴」系（lymphoid lineage）細胞和「骨髓」系（myeloid lineage）細胞。骨髓系的細胞主要包含有單核球（monocyte）、

巨噬細胞（macrophage）、嗜中性球（neutrophil）、嗜鹼性球（basophil）、嗜酸性球（eosinophil）、紅血球（red blood cell）、巨核細胞（egakaryocyte）和血小板（platelet）。淋巴系的細胞（即淋巴球），則有 T 細胞、B 細胞、自然殺手細胞（natural killer cell, NK cell）等。另外，血液中的「樹突細胞」（dendritic cell, DC）則有多種亞群，不同的亞群各自可從上述的兩種系列形成。

造血幹細胞和各種免疫細胞之分化樹枝狀圖如圖 5-1 所示。

二、人體血液主要組成細胞

人體血液由「血球」及「血漿」構成，血球主要由紅血球、白血球、血小板組成。白血球又分顆粒球（是多形核細胞）、淋巴球、單核球。「顆粒球」又分嗜中性球、嗜鹼性球、嗜酸性球。嗜鹼性球數量少，約只佔白血球的 0.2%，在血液循環中的嗜鹼性球進入組織中停留，則為「肥大細胞」（mast cell），分類上有二類肥大細胞，即與黏膜相關的「黏膜肥大細胞」（mucosal mast cell，MMC）和「結締組織肥大細胞」（connective tissue mast cell，CTMC）。

成熟的嗜鹼性球和肥大細胞細胞質內，有膜包圍的顆粒，這些顆粒含有肝素（heparin）、白三烯（leukotriene）、組織胺（histamine）。當過敏原與抗體 IgE 結合，IgE 會與嗜鹼性球和肥大細胞表面的「IgE Fc 受體」結合，啟動細胞的「去顆粒」（degranulation）反應，將顆粒內容物釋放出來（胞吐作

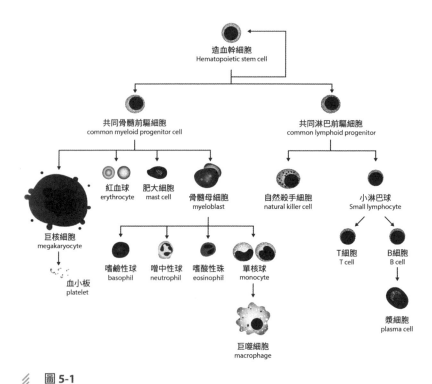

圖 5-1
造血幹細胞分化成各式細胞。

用），這些發炎介質會引起過敏反應，但另一方面，這種很強的發炎反應，有利於對抗寄生蟲感染。

　　人體血小板是來源於骨髓的「巨核細胞」（megakaryocyte，一般一萬個骨髓細胞就會有一個），其除了參與凝血作用外，還參與免疫反應，特別是發炎反應。當血管內皮損傷時，血小板會黏附並聚集在受損的血管壁上，釋放出血清素（serotonin，又稱 5-羥色胺，簡稱 5-HT）和纖維素原（fibrinogen），導致毛細血管通透性增加，激活補體系統，吸引白血球的聚集。

　　脾是人類成體最大的淋巴器官，在成體內的主要功能為儲存免疫細胞、濾血以及儲血。脾臟內有各類淋巴球，主要由 B 細胞（大約 60%）和 T 細胞組成，另外亦有少量 NK 細胞，當人體受病原體入侵時，脾內的免疫細胞即會做出免疫反應。脾臟的濾血作用，主要由「巨噬細胞」（macrophage）執行。脾內的巨噬細胞可以清除血液中的異物、抗原，以及衰老的紅血球。

　　另外，脾內可以儲存一定的血液，馬、犬的脾臟的儲血量，甚至可達總血量的四分之一，但人類脾臟儲血量較少，只有 40 毫升左右。人體缺血時，脾臟被膜和小樑中的平滑肌可發生收縮，將其中的血液擠出。在胚胎發育早期，脾亦有造血功能，但骨髓開始造血後，脾即逐漸喪失造血功能，惟成年後，脾內仍有少量造血幹細胞，當人體嚴重缺血或出現嚴重造血障礙時，脾可恢復部分的造血功能。

三、單核球細胞與單個核細胞不一樣

人體周邊血液單個核細胞（peripheral blood mononuclear cell, PBMC）包括「淋巴球」和「單核球」。mononuclear cell 是「單個核細胞」，而不同於 monocyte（單核球）。單個核細胞的體積、形態和比重，與血液中其他細胞不同，紅血球和顆粒球（多形核白血球）（包括嗜中性球、嗜鹼性球、嗜酸性球）的比重在 1.092 g/mL 左右，單個核細胞的比重為 $1.075\sim1.090$ g/mL，血小板為 $1.030\sim1.035$ g/mL。因此，利用一種介於 $1.075\sim1.092$ g/mL 之間，而近於等滲透壓的溶液，作密度梯度離心，可使特定密度的細胞，依據相對應的密度梯度分層分布，將各種血球與單個核細胞分離。

血液中單個核細胞比重比 1.070 g/mL 大些而已，而紅血球和多形核白血球的比重遠超過 1.080 g/mL。這樣利用介於兩者比重之間的溶液（稱為分層液），做密度梯度離心，就可得到單個核細胞。

PBMC 是指白血球中具有「單個核細胞」的一個「含糊」術語。其以淋巴球為主，也包括單核球。一般人會把 PBMC 和單核球（monocyte）搞混。

四、造血幹細胞之鑑定

「CD34」主要用來鑑定造血幹細胞（HSC）。CD34 的化學本質為醣蛋白，位於細胞膜表面，功能主要參與細胞與細胞間「黏附」作用。CD34 蛋白主要表現於造血幹細胞中，但

血管內皮細胞、部分間質幹細胞（MSC）也會表現 CD34。

　　無論是造血幹細胞或者其他種類的幹細胞，基本上都是由表面或細胞內的「多種」標記的組合，而篩選（selection）出來的，而非只靠單一標誌物可篩檢出的。有些組織裡的細胞都有表現 CD34，但不全都是幹細胞。也就是說，造血幹細胞會表現 CD34，但不表示只要表現 CD34，就都是幹細胞。

　　最早大家都認為只要設法取出表現有 CD34 的血球細胞，加以體外分化培養，就可以獲得大部分血液的細胞成分，因此早期幾乎就把 CD34⁺ 血球細胞視為 HSC。但後來隨著細胞分離技術的進步，發現有許多處於休止期的細胞，是不表現 CD34 分子，但仍具有重新構成血液細胞組成的能力。

五、造血幹細胞多寡是不等同免疫力強弱

　　在台灣衛福部頒布的細胞治療《特管法》之六個項目中，第一個項目即是自體 CD34⁺ 造血幹細胞治療。之後，台灣有些診所即推出檢測周邊血造血幹細胞數目項目，甚至宣稱若太少要補充以促進健康。

　　雖然只要抽一點血，然後利用流式細胞儀，即可檢測血液中帶有 CD34⁺ 細胞的比例（含量）。但其實，CD34⁺ 細胞的數量，跟免疫能力並沒有直接相關。健康的人體內，CD34⁺ 的數量總會維持在一個穩定的區間範圍。

　　一般大眾在看《特管法》條文，對何謂「CD34⁺」（對 34 號 CD 分子有陽性反應）搞不清楚。CD 就是一種細胞表面標記（cell surface marker），是細胞分類及相互辨識的分子基

礎。CD 分子（cluster of differentiation, or cluster designation）分布於各種的細胞膜上，為白血球及其他細胞的功能指標。不同 CD 分子有不同的功能，包括細胞膜「受體」（receptor）或「配體」（ligand）可作為鑑定細胞類型之用。

六、造血幹細胞的自體及異體移植

　　骨髓移植過去是直接從「骨髓抽取」幹細胞，現今大多數已被「收集周邊血液」造血幹細胞的方法所取代。一般可將造血幹細胞收集「保存」以備將來使用，也可將這些造血幹細胞捐給接受者，用於某種狀況的立即治療。造血幹細胞移植治療最常用於多發性骨髓瘤（multiple myeloma）、白血病（leukemia）、淋巴癌（lymphoma）和再生不良性貧血（aplastic anemia）。

　　造血幹細胞移植有兩種方式，即自體（autologous）和異體（allogeneic）的移植。自體移植（autologous stem cell transplantation，ASCT）可藉由生長因子之類生物化學製劑（如 G-CSF），來誘導存在於骨髓中的造血幹細胞，使之移至血液循環中。皮下注射數日後，這些幹細胞可藉由簡易的分離術（血漿分離術），自患者血液中收集而得，再將之保存以備未來使用。

　　在癌症治療上，可先用高劑量化療、放射療法，來消滅患者體內的癌細胞，接著再以從病患本身血液收集到的幹細胞進行移植，來「重建」骨髓造血功能。幹細胞移植入後，可能會花大約二到四周的時間，讓免疫系統重新發展對抗病原的能力，以及更長的時間讓免疫系統運作得更好。

　　其實，骨髓不僅含有多潛能造血幹細胞，也含有非造血多潛能幹細胞（例如 MSC）。所以骨髓移植不但可以治療源自血液系統的疾病，在其他的疾病上，例如實體癌症、遺傳缺陷、組織器官的更新、抗老化，都具有可預期的治療效果。自體骨髓移植在非血液性癌症治療上，主要是因化療藥物會造成骨髓損傷，先抽取儲存，在化療後再回輸患者血液中，可以緩和化療後的骨髓傷害。

七、異體移植的主要排斥問題

　　異體和自體移植的差異主要何在？自體造血幹細胞移植，不涉及不同個體間免疫系統之相容性，不必尋找「人類白血球抗原」（human leukocyte antigen, HLA）相符合之捐者，不會有「移植物抗宿主疾病」（graft-versus-host disease, GVHD）。但是由於沒有「移植物抗癌」（graft-versus-tumor, GVT）效果，在急性白血病之自體造血幹細胞移植的復發率，較異體移植為高。

　　人類白血球抗原（HLA）可分為第一型（A、B、C）及第二型（DR、DP、DQ）不同的基因型分型。目前都以高解析度分子分型來確認吻合的程度，一般所指的完全吻合，可以是兩兩成一對（因來自父母）的 A、B、DR 共六個位點的吻合，或 A、B、C、DR 共八個位點吻合，甚至 A、B、C、DR、DQ 共十個位點的吻合。若是部分不吻合的，移植風險較高，其併發症與相關死亡率都較高，故通常是找不到完全吻合捐者時，不得已的選擇。

　　目前的移植案例仍是直系親屬（子女父母）間的為主的「半吻合」移植，這是因隨著抗排斥藥物的進步，移植成功率已接近「全吻合」移植。最主要常是在時效上不能再等待配對的結果。最易配對成功是兄弟姊妹，但目前大多一胎而已。

　　在部分血癌（白血病）的治療，要根除癌細胞唯一的方法就是異體骨髓移植，可以藉由輻射照射將受者免疫細胞清除排斥反應，再輸入供者的骨髓，這種方法就形成異體骨髓「嵌合體」。異體移植收集幹細胞的方式，與自體移植相似。接受者常先經歷積極的化療，可能也搭配放射療法，這種治療方案可根除疾病，也有抑制免疫反應的效果，以防接受者的免疫系統對「捐者」的造血幹細胞產生排斥反應。

　　慈濟骨髓幹細胞中心成立至今已近三十年，是全台唯一骨髓資料庫，志願捐贈者資料累積近五十萬筆，提供三十幾個國家地區骨髓與周邊血移植近六千例，花蓮總院也設有全台最大的周邊血及骨髓幹細胞收集實驗室，正建立免疫細胞資料庫來研究，或許找出「超級」捐贈者，使用預先儲存的免疫細胞去造福更多人。

八、如何消除造血幹細胞異體移植副作用

　　骨髓移植之前所使用的化放療，會常導致掉髮、食慾不振、口乾、噁心、嘔吐、口腔潰瘍、腹瀉以及感染的風險增加。因接受者的免疫系統是被抑制的，所以必須非常謹慎照護，防止接受者遭到感染。抗生素、抗病毒的藥物治療，皆是標準照護的一部分。在此期間，病患可能會無法製造紅血球和

血小板，需要接受支持性輸血來補充。

GVHD 乃捐者的 T 細胞所引起的。當捐者的免疫細胞移植進入接受者體內時，也包含了一些捐者的 T 細胞，這些捐者 T 細胞會將病患（接受者）的器官和組織視為外來物，並攻擊之。由於 GVHD 在異體移植是相當常見的，因此醫療團隊會更密切注意病患這方面的問題。然而，有時這些症狀會直到病患接受移植後，自醫院返家後才發生。

移植物對抗宿生主疾病有急性和慢性兩種。病患可能遭遇其中的一種，或兩者都發生，或是兩者皆未發生。急性 GVHD 通常在移植後三個月內發生。開始的症狀通常是在病患背部、腹部、手腳，有輕微或不明顯的皮疹。皮疹會擴散開來，最後就像曬傷一樣剝落或起水泡。急性 GVHD 亦可能導致胃痛和腹痛、嘔吐、抽筋、噁心、腹瀉，也可能影響肝臟，有時會導致口腔潰瘍。為減少發生急性 GVHD 的風險，通常醫師會給病患免疫抑制藥物。

如果病患產生慢性 GVHD，通常是在移植後 3～18 個月內發生。如果病患曾發生急性 GVHD，則發生慢性 GVHD 的風險亦會大幅增加。慢性 GVHD 可能持續幾個月甚或幾年，且會影響身體許多器官，通常發生在口腔、皮膚、眼睛與肺部。使用免疫抑制藥物的副作用，是會導致病患受感染風險增加，因此必須謹慎監控症狀，並保持高度警覺性。

現有在進行的異體幹細胞移植，常使用對接受者（即病患）傷害性較少的「低度」治療方式，此種「先行」低度治療方式，是先要讓病患的免疫系統，準備好接受捐者的造血幹細胞。這些捐者後續大量的造血幹細胞，才是提供治療的主體。

接受者接受了較低劑量的化療，以及可能加上的放射治療，會產生免疫反應受到抑制的效果，以避免接受者的免疫系統，對捐者的造血幹細胞產生排斥反應。所注入配對成功的幹細胞，在經過幾周後，會代替接受者的免疫系統，並在理想的情況下，開始攻擊癌細胞（即移植物抗腫瘤（graft-versus-tumor）效應），並以健康更強壯的免疫細胞取代之。

　　台灣目前即有輸注自體造血幹細胞以治療異位性皮膚炎之第二期臨床試驗，及治療膝關節軟骨缺損的修復之多項臨床試驗計畫。高雄長庚醫院利用周邊血液造血幹細胞分別進行了治療嚴重下肢缺血（搭配高壓氧治療）、缺血性腦中風、嚴重瀰漫性冠狀動脈疾病（不適合作冠狀動脈介入治療）的第一、二、三期臨床試驗，及第一／二期的治療慢性腎衰竭試驗。

　　當造血幹細胞分化為血液細胞後，是屬於全身性的分布與循環，因而利用造血幹細胞作為基因治療的目標細胞，也勝於其他種類的幹細胞。因此，許多基因治療都是以造血幹細胞為主要利用對象。經過五十多年來，對造血幹細胞研究與臨床試驗，目前造血幹細胞已成為最被人們所了解的幹細胞。

6

臍帶 MSC 和臍帶血 HSC 用途廣泛

一、臍帶血是最方便有效的造血幹細胞

「臍帶血」是指孕婦生產後，存留在臍帶與胎盤中的血液，此種血液含有數量豐富的造血幹細胞（HSC）。目前衛生福利部公告有 29 項臍帶血的適應症，主要包括造血系統的白血病（慢性骨髓性白血病之慢性期除外）、骨髓發育不良症候群、多發性骨髓瘤、神經母細胞瘤等，及其他 22 種先天性疾病。

造血幹細胞的來源主要是從成人骨髓（可經由周邊血液）或是初生嬰兒臍帶血中取得，其具有自我更新和分化成各種成熟血球與免疫細胞的能力。可從造血幹細胞分化而成的細胞，包含了紅血球、血小板與各種不同類型的白血球等。目前臍帶血來源的造血幹細胞，在相較年輕、未受污染，與取得方式上較骨髓移植無侵入性之下，廣泛地應用在治療血液疾病、惡性腫瘤、代謝異常與免疫缺陷等疾病。

目前國際臍帶血暨骨髓資料庫（BMDW）、美國國家骨髓捐贈計畫（NMDP）、國際臍帶血移植組織（NetCord）等公益捐贈血庫，都是完全開放給全世界作配對使用。目前國內

各家臍帶血銀行也將自有公庫的資料上傳，提供給全球各地的患者搜尋配對，迄今配對與移植成功的案例相當多。因此，存在哪一家臍帶血銀行，實質上並不影響「搜尋配對」的權益，只是業者是否提供「全球公益血庫搜尋配對」的服務，是否願意支付「搜尋配對」及「取得血袋」之費用，客戶是否享有最大的「權益保障範圍」，應有所了解。

　　臍帶血的採集是在新生兒出生以後，在臍帶結紮並斷離後，取嬰兒端 3 至 8 公分臍帶，貼近母親端以止血鉗消毒，並將針頭插入臍靜脈以採集臍帶血。臍帶血採集不同於骨髓採集，不需要進行全身麻醉。胎盤和臍帶原本在胎兒出生後，就是作為醫療廢棄物扔掉的。臍帶血採集是在胎盤、臍帶與母體和胎兒完全分離以後進行，因此對母親和孩子沒有任何不良影響。

　　自從 1988 年法國施行第一例臍帶血造血幹細胞異體移植後，臍帶血逐漸成為以造血幹細胞進行骨髓重建的來源之一。除了臍帶血造血幹細胞移植，另以臍帶血及臍帶作為來源，應用於免疫細胞治療及再生醫學的研究，也正在快速發展中。

　　美國近十幾年，只有近二十項細胞治療產品獲得 FDA 核准上市，其中有八項，即是異體的臍帶血造血幹細胞，經配對用以治療造血系統疾病、重建免疫系統。顯示此項技術已相當成熟。

二、臍帶血造血幹細胞在實際應用上的限制

　　在全世界的臍帶血移植案例中，陌生人之間相互配對的

「異體移植」的案例數，遠遠多於「自體移植」的案例數，也遠遠多於「親屬間移植」的案例數。而且，萬一罹患後天性血液疾病，移植他人的造血幹細胞，來治癒的成功機率，反而比自體移植高。因此，胎兒同父同母的兄弟姊妹中，若有人已有惡性或基因方面的疾病，且將來「可能」因為做臍帶血造血幹細胞移植而受惠時，即應儲存新生兒的臍帶血。台灣確實很多案例是為了長輩親屬的需要，多年後再生小孩，只為取其臍帶血。

根據一項調查資料，私人儲存之臍帶血在特定環境下使用，一為儲存的新生兒有自身腦部損傷，因而自體使用作治療，另一則是一開始即明確提供給兄弟姊妹作移植治療用。

臍帶血是可以配對的，自己的臍帶血也可能會拿去救別人，同時，別人的臍帶血也可能可以救我們自己，故「為自己」儲存臍帶血其實意義不大。在國外，公捐臍帶血的觀念反而較為普遍，且獲得政府的支持，台灣卻是以私人臍帶血銀行為主，在業者及名人代言的強力宣傳，還以「異體移植」的成功案例，作廣告（非自體移植成功案例）。中國大陸是不准設私人臍帶血銀行，只有公庫可使用。

臍帶血移植與骨髓移植十分類似，不過，來自骨髓的造血幹細胞因免疫功能發展較為成熟，會攻擊受贈者。相反地，臍帶血中所含的幹細胞的免疫功能尚未發育完全，所以較不會產生免疫上的排斥作用，因此在捐贈者與受贈者的配對上較為寬鬆，因而比較容易配對成功而進行異體的使用。也就是說，臍帶血的免疫功能上尚不成熟，配對條件較寬，配對時間相對較短，發生移植物抗宿主疾病反應（graft versus host disease,

GvHD）的機率與程度較低。但相對的，此免疫缺失特性，亦可能延遲受贈者免疫系統的重建，植入後的恢復時間較長，導致感染風險增加。

　　一個新生兒的臍帶血平均大約只有 80～100 cc，所含約有一千萬顆的造血幹細胞，通常一袋臍帶血只夠一個體重 40 公斤以下的人來使用，體重超過 40 公斤，就必須使用 2 袋以上混合移植。因此，社會大眾普遍不知的是，小孩長大後要用時可能就不夠用，還須利用配對找別人的來作補充，否則就要進行體外擴增。

　　從過去台灣實際案例來看，絕大多數自存的臍帶血，自用的機率非常非常之低。如果孩子將來發生白血病或有其他先天性疾病（如：黏多醣症），也顯示自身的造血幹細胞已有問題，即使已儲存臍帶血，也不適合移植回自身使用。

　　幾年前著名的新聞事件，珣珣的媽媽三年前花了七萬五千元幫她存了臍帶血，三年後她因發生嚴重車禍，造成頸部以下全部癱瘓，珣珣媽媽原抱著希望，想起之前為女兒存臍帶血時，業務員當時曾告知臍帶血能夠修復神經，於是想找醫院在脊髓注入所存幹細胞救女兒，卻在衛生福利部審查後，被以技術不成熟、法令不允許而否決。該事件當初只儲存造血幹細胞，根本沒有存間質幹細胞。當時若有儲存間質幹細胞，或許有一試的機會，畢竟年紀還小，神經再生能力強。

三、臍帶間質幹細胞廣為異體再生醫學上使用

　　除了臍帶血之外，隨著科技發展，近十年來科學上發現臍

帶含有豐富的間質幹細胞（mesenchymal stem cell, MSC），其具備調節免疫功能，並可分化為硬骨、軟骨、肌肉、神經、及其他臟器細胞，在組織工程的應用極為廣泛。臍帶間質幹細胞來源豐富，且易於採集，又無異體排斥反應，同時也最接近原始胚胎幹細胞，是理想的家族「種子」細胞。儲存後，在未來可應用來修復喪失功能的組織和器官，可通過移植，用其所分化而來的特異組織細胞來治病。例如可用神經細胞治療神經變性疾病（如帕金森氏症、阿茲海默症等），用胰臟細胞治療糖尿病，用心肌細胞修復壞死的心肌等。但不論是臍帶血或臍帶，都是儲存幹細胞，臍帶血主要是儲存造血幹細胞（HSC），而臍帶則是間質幹細胞（MSC），兩者作用不同。

臍帶間質幹細胞是存在於臍帶華通氏膠（Wharton's jelly）和血管周圍組織中的一種間質幹細胞。華通氏膠是構成臍帶的凝膠狀物質，是臍帶、羊膜和血管之間的填充物。其主要成分是黏多醣，內含纖維母細胞及間質幹細胞。

在採集臍帶血時可將血漿從臍帶血中分離出呈黃色的液體，其內含豐富血漿蛋白、電解質及生長因子，屬人體內天然及無污染的最清純自身營養液。臍帶血血漿中的高濃度生長因子，亦提供最理想的細胞培養環境，利用臍帶血血漿來培養間質幹細胞，相比其他方式來作培養可高達二倍以上的增量。儲存臍帶間質幹細胞比儲存臍帶血造血幹細胞困難度更高，其原因在於間質幹細胞的培養擴增，需要較高複雜的細胞處理技術。

至於臍帶間質幹細胞（MSC）在鑑定上之細胞表面抗原方面，其應表現的分子標記有 CD73、CD90、CD105，及黏

附分子標記（CD54、CD13、CD29、CD44），以及人類白血球抗原（human leukocyte antigen, HLA）的 A、B、C。不表現的分子標記有 CD34、CD45、CD14，及內皮細胞標記（CD33、CD133）及人體 MHC-II 的標記（HLA-DR、DP、DQ）等。此外，臍帶 MSC 還能表現若干胚胎幹細胞轉錄因子，如 Oct-4、Sox-2 等。上述轉錄因子是胚胎幹細胞自我更新和多向分化的主要調控因子。尤其 Oct-4 是其特異性基因，對維持胚胎幹細胞未分化狀態，及細胞的多元分化潛能，具有重要的作用。因此，臍帶 MSC 所具有和胚胎幹細胞相似的調控機制和生物學特性，說明臍帶 MSC 是一種較為原始的幹細胞，是介於胚胎和成體幹細胞之間的 MSC。

四、臍帶組織或細胞凍存差異之選擇

　　臍帶可先凍存日後解凍再來製備間質幹細胞，可先省下一筆製備費，日後在需要用時再支付。但也可一次性製備，連同胎盤及臍帶血一起，可採集到最多分化能力最原始的間質幹細胞。

　　目前新一代的組織凍存技術，可將所收集的臍帶，經過前置處理、剪切，及利用貼壁培養技術取得後再進行凍存，未來需要使用時，再解凍做細胞培養。所培養出的間質幹細胞活性，與新鮮還未凍存臍帶直接培養無差異。其實最近美國血庫學會（AABB）也報導，有越來越多美國生技公司是採用組織凍存的儲存方式。

　　採用「組織凍存」方式保存在未來使用時，可以享受屆時

最新的培養技術，對儲存客戶來說是一項不錯的選擇。一般常有的迷思，是把臍帶先凍存，以後需使用時再來「分離並擴增」間質幹細胞，會不會影響細胞品質？確實，更早之前美國血庫學會（AABB）期刊也曾指出，從「冷凍的臍帶組織碎片」分離臍帶間質幹細胞是不可行，只有從新鮮的臍帶組織中分離出的，才能應用在臨床醫療上，因此建議採「細胞凍存」，一開始就將最優質的間質幹細胞分離出來冷凍保存，未來「直接解凍」細胞就能使用，也可爭取黃金治療時間。但另一角度看，未來「如何運用」還未知，而目前技術上解凍後的活性，已可確定與凍前完全相同。

　　臍帶凍存方式哪較好？其實沒有哪種較好，有的人是以經濟為考量重點。沒錢先作培養，至少可先儲存臍帶組織，未來有需要，或有錢，再解凍作間質幹細胞培養。至於細胞活性，若技術能達到標準，這兩種方法都可行。因此，並沒有一定哪種比較好，這牽涉到個人考慮的差異跟每家生技公司的技術高低。

五、臍帶間質幹細胞的應用是當今再生醫學發展之前沿科技

　　基本上，間質幹細胞的抗原性比造血幹細胞小，臨床運用時不像造血幹細胞在移植前，必須先經過嚴格配對，因此是很好的細胞治療來源。間質幹細胞最早是取自骨髓，但有侵入性，會造成捐者的疼痛，也有麻醉風險。由胎盤、羊水、臍帶血和臍帶取得的間質幹細胞，取得途徑不但對捐者完全沒有傷害，並且臍帶間質幹細胞的培養速度比骨髓間質幹細胞快，較

易達到臨床治療所需的細胞數量。

　　有研究指出，臍帶間質幹細胞的免疫調整功能，比骨髓間質幹細胞好，用於若用骨髓移植後會出現抗宿主嚴重反應的患者，療效會十分顯著。此外，以往病患在移植造血幹細胞之後，必須等待兩三個星期，造血功能才會恢復。許多研究發現，將臍帶間質幹細胞和造血幹細胞一起移植給再生不良性貧血的病患，由於臍帶間質幹細胞的作用，可使造血功能恢復的速度加快。

　　目前國際上對羊水間質幹細胞研究相當多樣，原因正是它擁有強大的分化能力。此外，初生兒羊膜上皮細胞（hAECs），是一種從胎盤內膜內側提取的立方體柱狀緊密排列的單層幹細胞。具有分化成三胚層（內胚層、中胚層、外胚層）中任意一層的潛能（即可分化成與三個胚層發育相對應的各組織器官），並具有不產生免疫排斥反應、不具致癌性等的特性，使其能夠在未來治療各種人體器官相關的疾病中發揮重大作用，目前已用於製備人工心臟瓣膜和氣管等。在少子化的未來，新生兒帶來的寶，可都要用好、用滿。

　　從胎兒羊水取得的幹細胞接近胚胎幹細胞，其分化潛能與活性遠優於成體幹細胞。只要孕婦進行例行性羊膜穿刺產檢時，多抽取少量的羊水，即可取得。台灣陽明交通大學已完成羊水幹細胞治療尿失禁的臨床前試驗，也與林口長庚醫院進行用於成骨不全（玻璃娃娃）罕見疾病治療臨床試驗。

六、結語

臍帶間質幹細胞的應用前景相當看好，其作為一種具有多能幹細胞特點的細胞，具有很大的應用潛能。不僅有充足的來源、收集容易，對供者無任何損傷，更主要是臍帶受胎盤屏蔽保護，其成分被病毒、細菌污染機率相當低。

此外，臍帶 MSC 的免疫原性低，可耐受更大限度的 HLA 配型不符。而且，其包含豐富的多能幹細胞，在體外擴增能力最強。另外，所收集的臍帶 MSC 不僅可做異體移植供體，而且還可低溫保存數十年。

臍帶間質幹細胞較臍帶血造血幹細胞，在未來細胞產業發展上，具有更明顯的優勢。隨著目前各國相關研究的深入，其生物學特性將會更加清晰，且在細胞治療、基因治療、藥物靶向治療、組織工程創傷修復等方面的應用，前景將越來越廣闊。

7

細胞培養與細胞治療產品特點

一、細胞培養的基本概念

　　人體內取出細胞在體外模擬體內生理環境，在無菌、適當溫度和一定營養條件下，對這些細胞進行培養，並使之保持一定的功能，這就是細胞培養（cell culture）。

　　細胞培養的工作始於 20 世紀初，已有一百年歷史，從事細胞培養，主要具有兩個方面的意義，一是人工培養條件易於改變，並能嚴格控制，有利於研究各種因素對細胞的結構、功能和各種生命活動規律的影響。其二是細胞在體外培養環境中，可以長期存活和繼代，因此可以比較經濟的、大量的，提供在同一時期、條件相同、形狀相似的細胞，作為實驗樣本。

　　但細胞培養技術也存在著一定侷限性，主要是細胞離開人體以後，失去與體內環境的密切聯繫，失去了體液的調節，和不同細胞間的相互作用，使特定基因分化的表現減弱或停止，遂使體內外細胞出現了差異，這在應用細胞培養技術上，是不可避免的問題。

二、細胞培養的兩種不同基本型態

　　體外培養細胞是培養在瓶皿等容器中，根據它們是否能貼

附在支持物生長的特性，可分為貼附型和懸浮型兩大類，以下作簡要說明。

（一）貼附型

大多數培養細胞均為貼附型，它們必須貼附在支持物表面生長，這類細胞在體內時，各自具有其特殊的形態，但在體外培養時，貼附於支持物表面，在形態上，常會表現出單一化，而失去體內原有的某些特徵。

正常貼附型細胞具有「接觸抑制」的特性，細胞相互接觸後，可抑制細胞的運動，因此細胞不會相互重疊於其上面生長。不過雖發生接觸抑制，但只要營養充分，仍可繼續分裂增殖。當細胞數量達到一定密度後，由於營養枯竭和代謝物的影響，細胞分裂會停止，稱為密度抑制。

（二）懸浮型

少數細胞在培養時不貼附於支持物上，而以懸浮狀態生長，包括一些取自血液、脾臟或骨髓的細胞培養，尤其是白血球，以及一些癌細胞。此型優點，是在培養液中生長，生存空間大，允許長時間生長，有利於於大量繁殖。

三、細胞培養增殖之主要過程要點

培養細胞的生存環境是培養瓶、皿或其他容器，生存空間相對孤立，營養是有限的。當細胞增殖至一定密度後，需要分離出一部分細胞，接種到其他容器，並及時更新培養液，否則將影響細胞的繼續生存，這一過程叫「繼代」（passage 或 subculture）。從細胞接種到下一次繼代再培養的一段時間，叫

一代。細胞培養一代與細胞倍增（doubling）的概念是不同的，細胞倍增指的是細胞數增加一倍。

體外細胞培養所需營養物質，與體內細胞相同，包括碳水化合物、胺基酸、維生素、無機離子、微量元素等。細胞在體外生存於含各種營養成分的培養基中，而培養基的種類很多，按其物質狀態，分半固體培養基和液體培養基兩類。其中，液體培養基（即培養液）使用最為廣泛。

在細胞培養設備方面，細胞在培養器皿中生長，需要特有的環境，包括一定的溫度、濕度和氣體成分。培養器皿主要有碟（dash）、孔盤（well plate）、燒瓶（flask），材質為玻璃或塑料，現在多使用一次性的塑料培養器皿。培養環境通常由 CO_2 恆溫培養箱，提供恆定的 $37^\circ C$ 溫度、95%濕度，和一定量的 CO_2（通常為 5%～10%），CO_2 可使培養液維持穩定的 pH。

另外，細胞培養過程中進行更換培養基、繼代等工作時，需在無菌工作台上進行。

四、常見細胞培養的步驟舉例說明

（一）細胞分離和初代培養

從供體取得組織並分離得到所需細胞後，接種於培養瓶，進行首次培養。培養材料為血液、羊水等細胞懸浮液時，可採用低速離心法分離。培養材料為組織塊時，首先要把組織塊剪切至儘量小，然後用胰蛋白酶（trypsin）或膠原酶（collagenase）消化法，使組織進一步分散，以獲得細胞懸浮液。

（二）培養細胞的繼代

　　細胞由原培養瓶內分離稀釋後，傳到新的培養瓶。進行一次分離培養，稱之為繼代一次。培養細胞繼代根據不同細胞，採取不同的方法。

　　貼附型細胞的繼代，多用混合了胰蛋白酶和二胺四醋乙酸（EDTA）的消化液，進行繼代。EDTA 能從組織生存環境中，螯合鈣與鎂等二價離子，這些離子是維持組織完整的重要因素。消化液使細胞脫落，形成細胞懸浮液，然後以合適比例接種在新的培養瓶內。

　　懸浮型細胞的繼代，可直接添加新鮮培養液，或離心收集後，換新鮮培養液，以一定比例稀釋繼代。

（三）細胞的凍存和解凍

　　培養細胞在繼代中，性質易發生變化，及有遭到黴漿菌（mycoplasma，在中國大陸稱支原體）汙染的危險。許多研究也常要求細胞株的代數，應維持在一定期限內。解決這些困難的方法，就是將細胞凍存，需要的時候再行解凍。凍存前需在培養基中，加入冷凍保護劑甘油或二甲基亞碸（DMSO），以減少冰晶對細胞的損傷。細胞凍存與解凍的原則是「慢凍快融」。細胞凍存在液氮中，理論上儲存時間應是無限的。

（四）細胞培養中微生物汙染的檢測

　　細胞培養過程中操作不當時，易引發微生物感染，主要污染微生物為黴菌、細菌和黴漿菌。可用多種方法確認汙染的種類與情況，從而從源頭上杜絕汙染。然而，微生物汙染一旦發生，多數無法救治。為了防止污染的蔓延，應銷毀受汙染的細胞。

五、細胞製備品質是幹細胞及免疫細胞治療成敗關鍵

低溫儲存的細胞在解凍之後，如果立即用來進行治療使用，其分化能力或其他功能相較於低溫保存之前會受影響。但是這種損傷在將復甦的細胞進行擴增培養時，可以有一定程度的恢復。細胞的使用上，不可能總是在製備後立即使用，冷凍保存是不可缺少的步驟。因此，在細胞解凍後，確保在培養基中將其培養擴增，就至關重要。

在細胞的培養過程中，培養基的使用，會對細胞的狀態及使用產生影響。培養環境的些許差異，也會令不同批次的細胞間的狀態產生差異，如何通過標準化來規範，使得這些因素對細胞的使用帶來的影響最小，至關重要。尤其由於在臨床上使用的細胞，經常需要將細胞回輸患者體內，在前期培養細胞時，可能會使用含有動物血清的培養基，但最好是使用無血清培養基。這是一個特別需要注意的問題。

此外，還應該對細胞做安全性檢測，例如內毒素、BC 肝炎病毒以及人類免疫缺陷病毒（HIV，愛滋病毒）等。這些檢測應該涵蓋從樣本採集到最終細胞製備的整個過程。同時所有的數據和紀錄，都應該有完整的保存紀錄系統，並確保整個流程都具有可追溯性。這些細胞製備過程中的品管條件，是生技公司所必須具備的，並嚴格執行。一般大眾可以透過參考該公司是否有相關的認證資訊，對此有初步概念。

六、民眾應了解的細胞製備與治療過程風險檢查點

　　一般注射劑型藥品，產品在出廠前，要透過各種處理方式，殺死、去除所有可能的微生物（包括病毒），例如，放射線照射、高溫殺菌或超微細的過濾除菌等。然而，細胞治療是使用活的細胞進入體內「做工」，這些殺菌手段會使細胞失去活性，因此無法使用於細胞產品生產。

　　細胞治療產品製造時，要如何才能保證所產出的細胞是安全的？細胞治療具有以下特徵：（一）使用大量的活細胞注入人體。（二）細胞會附著或遷移。（三）細胞在體內可能會增生，也可能很快死亡。（四）少量批次生產。

　　醫療操作或多或少都有些風險，患者在治療前必須詳細了解。尤其細胞培養有可能失敗，萬一無法培養出足夠細胞時，可能必須重新取得細胞再次培養，若不能重新培養，可能必須退費。因此，重新培養或退費的規定，應寫在「治療同意書和技術說明書」中，作為處理的依據。

　　細胞培養通常需要數周的時間，培養出來的細胞也有保存期限，有些病患可能在細胞培養過程中病情發生變化，無法在預定期間或保存期間接受治療，也會產生費用處理問題。這些事項應清楚寫在治療同意書及技術說明書中，病患在決定治療前應詳細閱讀。因為任何治療都有一定的風險，治療機構或細胞製備場所一般多會投保細胞產品責任保險，以保障患者權益。

　　細胞療法的收費，若是以第四期實體癌免疫細胞治療為例，常將整個流程分四階段，每個階段約二十天，在每個流程

前會預先收取 10%的製劑費用，並在正式接受療程時收取
80%的製劑費用，確認有達到預期療效後，再收取剩下的
10%。如果療程中斷或是治療效果未達到量表所評估的預期，
就不會收費，或酌收費用。依每家公司合約條件為準。一般病
患在一開始的醫師諮詢時，就要充分了解療程安排和收費方
式。

8

細胞治療產業
現況與機會

一、《特管法》主要執行內容

　　所謂細胞治療，是指將細胞經過分離、純化、體外培養等程序，使其數量與活性增加，再注入病患體內，以達到治療疾病、改善健康與身體狀態的目的，其中細胞來源可分為自體細胞與異體細胞兩大類。根據統計，2021 年全球細胞治療領域含幹細胞、免疫細胞、體細胞的營運規模約 160 億美元，未來幾年將以 25%以上的幅度成長。

　　衛生福利部在 2018 年 9 月，將《特定醫療技術檢查檢驗醫療儀器施行或使用管理辦法》（簡稱《特管法》）公布上路，有條件開放六大類型自體細胞治療技術，包括癌症病患的自體免疫細胞治療、周邊血幹細胞移植、脂肪幹細胞移植、纖維母細胞移植、間質幹細胞移植、軟骨細胞移植等。

　　在《特管法》所涵蓋六個細胞治療項目：（一）CD34$^+$周邊血幹細胞；（二）免疫細胞（包括 CIK、NK、DC-CIK、TIL、$\gamma\delta$T）；（三）脂肪幹細胞；（四）纖維母細胞；（五）骨髓間質幹細胞；（六）軟骨細胞。其中，第二、四、六項是體細胞，不是「幹細胞」。一般民眾在媒體所接觸到

的，只「懂」幹細胞這名詞，第四項是單能幹細胞。第一項為
何不寫「造血」幹細胞，第三項為何不寫「間質」幹細胞，而
第五項就有明列的「骨髓」、「間質」幹細胞？

　　周邊血液中不易找到間質幹細胞，脂肪中也少有造血幹細
胞，骨髓則富含大量這兩種幹細胞，才須明確幹細胞「來源」
「部位」及「性質種類」。也就是說，《特管法》包括的骨髓
造血幹細胞，就是一般人常聽說的骨髓移植，本即為常規醫療
上健保有條件式的支付。台灣過去在細胞治療領域曾被衛福部
獲准臨床試驗的申請案件的類型統計中，《特管法》所列的六
大類即佔了近九成，其他《特管法》沒列的，主要有上皮細胞
及嗅鞘幹細胞。

　　衛福部一開始對醫院的審查順序是「救命的優先」、「有
臨床試驗經驗的優先」，而且癌症治療希望只在醫院進行，因
為癌症治療需要「全人」、「全病程」的照顧，但在軟骨、關
節炎、醫美皮膚細胞治療，會開放給診所。至於核准的原則，
衛福部是採取相當保守原則，要求細胞治療產品要符合最小操
作定義、同源使用、不與其他產品合併使用（包含其他細胞、
藥品或醫療器材等），以及不會引起身體系統性影響，或經由
活細胞代謝活性而產生作用。

　　目前《特管法》是將風險性較低的細胞治療項目，認定為
醫療行為來管理，須由醫療機構申請，合作的生技公司須符合
GTP 規範。而且不須臨床測試階段，直接對外收費治療。在
對細胞療法的醫療管理法規比較上，台灣及日本的管理方式，
是醫療行為與新藥雙軌制；韓國、美國、歐盟則將細胞治療當
作新藥管制。因此在歐美，細胞治療是視為新藥來管制，須符

合 PIC/S GMP 規範，且須進行臨床試驗，申請新藥藥證（由藥廠或生技公司申請），只有通過臨床二期後獲得條件性核可，才能上市收費治療。而在台灣，《特管法》附表三所包含的項目，被認定為「醫療行為」，不需進行臨床測試便可執行。但須由醫療機構申請核可，細胞處理場所只須符合 GTP 規範。

衛福部 2018 年 9 月先開放的自體細胞治療，計有前述 6 類細胞治療技術共 53 項，後來因細胞治療醫學「實證不足」或治療「效益不佳」，在 2021 年 2 月修正的「細胞治療特管辦法」中，即刪除 53 項中的 5 項，包括刪除自體 CD34$^+$ selection 周邊血幹細胞治療「白血病、淋巴瘤及多發性骨髓瘤的血液惡性腫瘤疾病」，因不屬於細胞治療，其治療方法是利用類似骨髓移植方式，先將周邊血幹細胞篩選出所需要的細胞，再把細胞回輸到患者體內，與細胞治療於「體外培養細胞」的方法不同；可見當初立法之考慮欠周。考量治療效果不明或文獻證據不足的，包括自體脂肪幹細胞及纖維母細胞治療中，排除「其他表面性微創技術之合併或輔助療法」。另由於證據力及治療效益不佳，因此由自體骨髓間質幹細胞治療中刪除「慢性缺血性腦中風治療」。

為鼓勵醫療院所投入異體細胞治療研究，並要求相關機構對細胞保存更加完善，2021 年 2 月修正了《細胞治療特管辦法》，開放異體細胞治療技術施行計畫申請，但須載明醫療院所自行發表的人體臨床試驗成果，並附有國內外文獻報告，經核准後才能施行。

許多人以為，用了免疫細胞就能殺光癌細胞，或是幹細胞

一定能修補中風壞死的腦細胞，從癱瘓重新站起來。但實際僅有部分效果。如同股票市場，高報酬就會有高風險，低風險就不能期待高報酬，政府開放的醫療技術項目，皆為低風險技術，病患相對不宜有過度樂觀的預期。在《特管法》公布以來，醫療院所申請最多的項目，是第四期免疫細胞實體癌治療，然而治療費用高達二、三百萬台幣。相較於幹細胞膝關節治療費用約二、三十萬。

二、細胞治療產業之風險特性

在實務應用上，細胞治療可能發生相當多之風險，包括：（一）採集檢體過程，（二）細胞處理過程，（三）細胞本身劑量及性質變化，（四）臨床執行及檢驗追蹤過程。以上這些風險，在產品設計時，即要設定各種風險，而提出有效因應作法。

針對前述的風險概念下，在細胞品質方面，製備上必須做到下列幾項：（一）純度，（二）效價，（三）存活率，（四）安定性，（五）微生物檢測，（六）細胞特性檢測。細胞是活的，因此細胞的安定性很重要。特別是在儲存、運送後解凍使用，是否有足夠的存活率。甚至相同的處理流程，對40歲與80歲的人的結果就可能不同，可見個體間存在很大差異。尤其是細胞所產生的許多各種不同激素，會影響另一細胞及周邊組織甚至系統，因而使其效價的定義更為複雜而且難以評估。在檢驗方法的建置、確效的執行現況，仍存在政府執行單位要求確保品質，與業者降低成本作法之認知差距頗大。

　　細胞治療是以「產品」的型態上市，相關臨床試驗的要求，與普通藥物的要求幾乎相同，也就是著重治療中可能存在的危險，例如，病原體感染、疾病傳播、交叉污染和混淆，這對病患的安全及有效治療，至關重要。當然在臨床試驗上，有時與常規藥物的臨床試驗會不同，細胞治療常需要特定的手術或給藥途徑，或聯合其他各種治療方法。

　　評估細胞療法的安全性有三個主要原則。首先，細胞應不具有致癌性（oncogenicity）；其次，確保細胞回輸人體內後，不會引起免疫排斥與細胞激素風暴反應；第三，基因改造後的細胞不會產生脫靶效應之副作用。沒有一種藥物是絕對安全的，即使現階段仍為治療主流的小分子藥物及蛋白質藥物，也會有副作用。因此，在治療的選擇上，如何在治療益處與風險上作仔細審慎評估，為其關鍵。

　　但不可否認的，業者也要作好心理準備：當沒有其他治療選項時，細胞治療的應用可以考慮，但當已有標準療法時，細胞治療的使用就會失去市場性。舉例而言，美國 FDA 於 2010 年核准 Provenge 治療轉移性攝護腺癌，Provenge 即是一種免疫細胞療法。在還沒有其他可匹配的藥物選項出現之前，Provenge 細胞療法一支獨秀，再貴也有市場，但後來有著相同標靶的小分子藥物 Zytiga 上市，Provenge 即很快就被取代，公司也就跟著破產。

三、細胞治療收費高昂之原因

　　現在許多疾病（尤其是癌症）的治療趨勢，是傾向於直接

針對病患本身基因或疾病相關的生物標記，給予特定的精準治療。但細胞或基因治療有其價格昂貴的現實面。輸入人體的細胞需在 GTP 實驗室製作，實驗室造價動輒上億，製備過程人力、耗材費用驚人，導致細胞療法收費昂貴。

目前看來各家醫院及製備公司價格差異不大，有差異是因為各種細胞製程不相同，培養的細胞不同。所以很難訂出一個絕對定價，因而各家比較著重費用應該怎麼分階段收取。細胞治療要客製化，拿病患自己的細胞去做培養，有可能培養過程中不符合規範，雖然拿出來了，但因故沒辦法回輸體內，可是成本已經花了。這跟一般常規的藥品治療不一樣，其是有使用就付費、沒有使用就不付費。細胞治療有可能做不出來、達不到符合的規格而不能夠使用，但仍需付費。

尤其自體細胞治療屬客製化，製造過程需經手非常多專業人員，不能偷工減料，更不能省去關鍵的製造與品管流程，因而造成成本堆高。自體細胞每次要量身訂做，未來如能進展到異體細胞治療，較有機會「共同」分攤成本。細胞治療的異體應用，會是非常重要的發展，如此才能以遠低於自體應用的成本大批生產，也才可以讓有治療需求的病人，不必花上 2～3 個星期等待細胞培養。

四、提高療效是細胞治療產業成長的最關鍵因素

雖然《特管法》為台灣細胞治療業者打開一扇門，但還缺乏足夠多的實例，難以有效說服臨床醫師推薦給病患使用。《特管法》規定，如果是癌症 1～3 期，還是要先接受第一線

的標準治療,包含放、化療與手術,無效後再考慮細胞治療。因為既有療法已有多年經驗累積,如果治療後有效,就不需要用到細胞治療。也就是說,細胞免疫治療目前只開放給存活率本即不高的癌症晚期病患,其併發症難料,又往往只是輔助性治療,成功率一般是很難過半。

目前在細胞治療上,各醫院都會自己評估療效問題,因為衛福部核准的許可雖有效期一次給三年,但不是許可之後就可以一直做下去,若發現成功率不高會要求停止,所以有的醫院會先挑大腸直腸癌病患做,對胰臟癌就不想接案,便是基於治療成功率的考量。因此在臨床試驗上,病患較重視療效,而《特管法》則首重安全性。在療效與全安性的權衡間,政府不能過度保守,細胞治療產業發展才可能更寬廣。

不過關鍵還在於:細胞醫療產業業者須積極建立生產最佳品質細胞的標準流程,有明確的細胞數量與效果、治療有效維持時間與相關劑量、治療間隔。尤其,細胞治療的反應成效在個體間差異大,須建立各個疾病有效性標準流程。細胞治療發展終極目標就是精準醫療,要作到對療效的精準、對風險預測的精準、對疾病診斷的精準、對疾病分類的精準、對細胞藥物應用的精準、及對預後預測的精準。

五、異體細胞治療將是未來產業化的重點

自體細胞治療有兩大缺點。其一是細胞培養至少需 2～3 周,礙於癌症患者身體狀況難掌握,不免遇到細胞培養到一半,患者卻已離世的憾事。其次,由於每個病患都是「客製

化」，細胞治療費用偏高，每次療程均要上百萬元。2021 年 1 月，衛福部再次修正《特管法》，開放醫療院所將異體細胞治療用於患者上，前提是「需先完成人體試驗結果與發表報告」。

　　《特管法》雖開放異體細胞治療技術施行計畫申請，但須載明醫療院所自行發表的人體臨床試驗成果，並附有國內外文獻報告，經核准後才能施行。因此，目前是開放申請異體細胞治療，規定若要做自體細胞治療以外的技術，需載明治療項目、適應症、專任操作醫師、施行方式、治療效果評估和追蹤方式、費用、自行或參與執行完成的人體試驗成果報告和國內外文獻、細胞製備場所、人體細胞組織物的成分和製程及控管方式、發生不良反應的救濟措施等。要在申請臨床試驗通過並有成果後，才可申請異體細胞治療用於病患上。因此，政策上目前是鼓勵國內醫院做人體試驗，且可延伸到治療急性腦中風病患、腦性麻痺病患等。此外，這次修法還有一項重點，要求醫療機構與生技業者應設置細胞保存庫，確保細胞品質外，也要藉此減少類似坊間臍帶血銀行良莠不一的亂象，以免因細胞保存不佳而衍生醫療消費糾紛。

　　細胞治療過去基於安全考量，僅開放自體細胞治療，然而費用較高且多數病患可進行細胞治療時，身體狀況已經較差。在此情況下，異體細胞治療往往就是唯一的解方。異體細胞治療取出的檢體，只需要一次檢驗後，可事先製造保存，並於需要時取用，在療效與節省成本上相當有潛力，病患也有機會較快使用到新的臨床技術。尤其關節炎及一些發生率較高的癌症患者，應可望先受惠，並逐漸將適應症延伸到自體免疫疾病。

　　異體細胞治療在國外起步早，而且不僅在癌症治療，面對席捲全球的新型冠狀肺炎（COVID-19）病毒，也為患者帶來希望。美國 Athersys 公司開發中的異體細胞療法「MultiStem」，與新型冠狀肺炎（COVID-19）的治療高度相關，以急性呼吸窘迫症候群（acute respiratory distress syndrome，ARDS）為適應症，獲得 FDA 快速通道資格審核。國內也有如長聖公司的異體臍帶間質幹細胞（UMSC01），可應用於急性心肌梗塞、急性缺血性腦中風與 COVID-19。

　　異體細胞治療可發展出細胞的規模化量產，而成為未來相當具有優勢的治療方式。然而要突破的困難除了高門檻的技術外，安全的細胞保存場所與低溫運輸鏈也是量產的關鍵。當然，完善的法令是推動產業創新發展的重要前提，開放的速度也影響產業在國際上的競爭力。

六、政府管制程度是細胞治療產業發展關鍵

　　就產業發展而言，以醫療院所為中心的《特管法》去執行細胞治療，就會有臨床數據的反饋。對一個新的治療領域，每一步走下去無論好壞都是收穫，不僅是對醫師、醫療團隊或醫院成長均有利，細胞製備廠商也因為《特管法》而進入臨床試驗，進而跨入後續《再生醫療製劑管理條例》帶動的產品化進程。目前《再生醫療製劑管理條例》修正案中，「附條件許可」即可讓產品可以不用走完耗費巨大的三期臨床試驗，就可以上市應用並向病患收費。但細胞療法產品價格是常規治療的數十倍，平均療效卻可能不到三成。

　　《再生醫療製劑管理條例》所管理對象是「產品」，其範疇不僅包括細胞治療、組織工程，也包括基因治療；《特管法》管的是醫療院所的醫療技術。因此，前者中央主管機關是食藥署，而後者是醫事司。但兩者的計畫書審查單位，均為醫藥品查驗中心（CDE），其審查標準引導與關係整個產業發展最大。例如：《再生醫療條例》規定生技公司其細胞製備在臨床試驗階段時，不得向病人收費，且需符合 GTP 規範；而產品在上市階段需進一步符合 GMP 規範。

　　政府期望再生醫療製劑能規格化、商品化，並能與國際接軌，對細胞及基因治療產品，列了五大審查要點：「穩定」、「純度」、「品質」、「安全」及「治療效益」。食藥署（TFDA）、醫藥品查驗中心（CDE）基本上是複製歐美國家法規單位的標準，尚須時間與實務來累積經驗進而制訂規範。

七、未來法規限制將大為放寬

　　自特管辦法開放後，雖讓自體細胞治療有得以施行的空間，然而「異體療法」已逐漸成為全球的趨勢，不應再限制本土企業之發展。異體細胞治療應如一般藥物來管理，但從服務提供者、許可登記、細胞組織來源、細胞製備、運輸、監督與預防、病人權益等，這些課題在特管辦法架構下是難以達成。因此，需有另外專法來協助進行管理。基於此，《再生醫療發展法》、《再生醫療施行管理條例》以及《再生醫療製劑管理條例》三法草案，台灣行政院已於 2022 年 1 月 13 日進行公告。

　　在《再生醫療施行管理條例》，將醫療機構施行的申請程序及條件、細胞庫設置及招募、臨床試驗相關規範、廣告管理、罰則等，都訂定了完整的規範管理。例如目前在執行端的可施行再生醫療的醫師資格，在法規中有所規範；而執行細胞操作的機構及人員資格上，雖可由醫療機構或委由生技公司執行，但操作人員仍需要經特定訓練認證。而對於廣告、追蹤與救濟等，也規範再生醫療廣告採「事先核准」，而非現在許多醫藥廣告的「事後核准」方式。此外，再生醫療由於前端的研發、製備十分重要，因此在《生技醫藥產業發展條例》中，透過賦稅優惠、破除公立學校技術入股公司限制等，大幅鼓勵產業發展。

　　最新《再生醫療發展法》草案，更將「再生醫療」最新定義修改為：「利用人類自體或異體細胞、胞器（包括外泌體）或基因之功能，修復或替換人體細胞、組織及器官的製劑或技術。」放寬將「胞器」納入，並把原先「再生人體細胞、組織」的「再生」加以修改。因為許多療法是「修復作用」，不是再生。

　　更大的改變是對於「異種」細胞或組織的應用性，原僅先限於人體同種應用。衛福部 2022 年 4 月所公告的《再生醫療三法》草案，做出多項革命性修正。細胞定義不再只限制人類，擴充到「異種」。原本細胞來源限制只能用「人」的細胞，擴充到「異種」以及「基因細胞的衍生物」。前者例如可在豬身上培養人造耳，參考其他國家再生醫療不再限定細胞來源只能來自人類本身；後者則有助於「外泌體」（exosomes）研究發展，雖然對人類細胞實驗室規格要求將會更高，但未來

運用將更寬廣。

　　在新法上,是把所有再生醫療使用的細胞製劑分為四大類,分別為基因治療製劑、細胞治療製劑、組織工程製劑、以及複合製劑,一律視為「藥品」,以避免到底是醫材或藥品定義模糊而易衍生爭議。以複合製劑來看,例如心臟支架原本屬於醫材,但上面有細胞製劑,就視為「藥品」。在醫療技術部分,由於並非所有醫療機構都有能力設置自己的細胞製備場所(CPU),因此需和生技業者合作,委託業者進行細胞修飾,原本辦法讓許多醫界認為只能找藥商合作,但施行條例授權「再生醫療生技醫藥公司」業者不必取得藥商執照,就能參與,但針對細胞製備場所(CPU)採高規格管理,必須符合GTP 等規範。總之,再生醫療三法可以提供台灣業界健全的環境,避免劣幣驅除良幣,尤其異體細胞治療更是未來發展的趨勢。

Part

2

人體

免疫系統

之認識

9

人體免疫系統的
基本認知

一、從免疫學的發展史來看免疫系統

　　人們對於免疫系統的認知，來自於免疫學的發展。免疫學是一門研究免疫系統的架構與功能的學科，它發源自醫學和對疾病免疫的原因的研究。目前已知的最早提及「免疫」這一現象，是在公元前 430 年爆發的雅典大瘟疫期間；古希臘歷史學家修斯提底斯（Thucydides）發現在上一次瘟疫中得病的人，在瘟疫再次爆發時不會再染病，但這一現象的原因卻一直不為人所知。

　　直到 18 世紀，法國皮埃爾‧莫佩爾蒂（Pierre Maupertuis）用蠍毒做實驗，發現某些狗和小鼠對毒素產生了免疫。隨後，路易斯巴斯德（Louis Pasteur）將這一發現連同其他對後天適應性免疫的報導進一步擴展，發展出了疫苗，並提出了細菌致病論。1891 年，羅伯‧柯霍（Robert Koch）首次確定微生物是傳染病的罪魁禍首，他也因此獲得了 1902 年的諾貝爾獎。1901年，沃爾特‧里德（Walter Reed）發現黃熱病（Yellow fever）病毒後，病毒也被確定是人類疾病的一種致病原。

　　透過研究體液免疫和細胞免疫，免疫學在 19 世紀末得到了長足的發展。其中，保羅・艾立克（Paul Ehrlich）和俄國梅里可夫（Elie Metchnikoff）作出了重要貢獻：前者建立了側鏈（side chain）學說來解釋抗原-抗體反應的特異性，為了解體液免疫奠定了基礎；後者則是細胞免疫的奠基者。兩人也因為他們在免疫學上的成就，分享了 1908 年的諾貝爾醫學生理學獎。

　　在十九世紀末細胞學發展迅速，細胞性免疫逐漸被人類發現，尤其 1883 年梅里可夫發現有些白血球會吞噬微生物，他稱之為吞噬細胞（phagocytes）。他發現這些吞噬細胞，在具有免疫性的動物體內其功能特別強，所以他假設「細胞」才是免疫性的主因，而不是像希臘哲學家們所說的「體液」（後來也才知道包括在體液中活動的抗體、補體等）。

　　人體之所以會產生免疫，在早期就有選擇理論（selective theory），即一個外來的「抗原」（antigen）會選擇一細胞膜上的「受體」（或稱受器、接受器）（receptor）與之結合，如鎖與鑰匙一樣，再釋放出「抗體」（antibody），並發展成「株落選擇理論」（clonal selection theory），即由一淋巴球（包括 T 細胞及 B 細胞）生成細胞膜「受體」作為「抗體」，可以結合特殊的抗原，結合後可以「激發」此種淋巴球之增殖，所生成的株落細胞會有產生與母細胞「相同」抗體的能力。

二、細胞免疫和體液免疫之互補性

　　一般人體內有近 2 兆個淋巴球，約佔白血球數的 30%。

但僅有少數的淋巴球在周邊血液中隨血流循環，其他的都在其他組織和淋巴系統。淋巴球主要包括「B 細胞」和「T 細胞」（也包括較少的 NK 細胞），在它們被激活之前，兩種細胞從形態學特徵上，是難以區分的。B 細胞在「體液免疫」中發揮著重要作用，而 T 細胞主要參與「細胞免疫」。T 細胞的前驅細胞會從骨髓遷移到胸腺中，成為胸腺細胞，並在此處發育為 T 細胞。

何謂體液免疫？就針對全球矚目的「新冠病毒」而言，B 細胞所釋放的各種抗體所參與的免疫反應，包括：如透過調理作用（opsonization）強化嗜中性球及巨噬細胞的吞噬作用，並活化補體系統以溶解病毒外殼（包膜）使病毒瓦解。抗體更經由中和作用（neutralization）防止病毒與人體細胞膜上受體的融合，以抑制病毒的附著。

所謂的調理作用，就是抗體與抗原結合後，會喚醒巨噬細胞及嗜中性球的「吞噬」。對這些吞噬細胞而言，相較於單獨存在的抗原，與抗體結合的抗原，是比較容易吞噬的。因此，這個作用就稱為「調理作用」，意思類似於是「把奶油抹開」，也就是讓味道變得更好的意思。參見圖 9-1。

要摧毀這些病原體，抗體的第一個武器，就是能夠針對特定病毒株的抗原，產生特異性結合；抗體一旦牢牢捉住抗原（病毒），會把抗原的毒性部分「掩蓋起來」，不讓其侵入人體細胞。這個動作就是「中和作用」。

至於免疫細胞對病毒的免疫反應，則主要包括輔助型 T 細胞及毒殺型 T 細胞分泌丙型干擾素（IFN-γ）等細胞激素，直接產生抗病毒效果。毒殺型 T 細胞可殺死「受到病毒感染

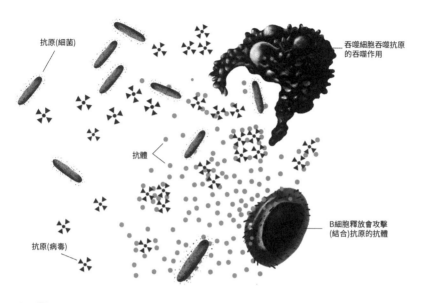

抗原(細菌)

吞噬細胞吞噬抗原
的吞噬作用

抗體

B細胞釋放會攻擊
(結合)抗原的抗體

抗原(病毒)

圖 9-1

B 細胞釋放抗體以攻擊外來抗原。

的細胞」，另自然殺手細胞及巨噬細胞可產生「抗體依賴性細
胞毒殺作用」（antibody dependent cell-mediated cytotoxicity,
ADCC），殺死受到病毒感染的細胞。這些作業細節均在本書
後面詳述。

在人體內，淋巴球一直在作循環，以使淋巴球捕獲到特異
性抗原的機會最大化。淋巴器官內至少包含了下列三個階段的
B 細胞及 T 細胞：（一）未成熟（初始型）的 B 細胞和 T 細
胞，（二）成熟的效應型 B 細胞和 T 細胞，（三）記憶型 B
細胞和 T 細胞。

　　不同的淋巴球會互相交換訊息，以產生最有效率的免疫反應。尤其輔助型 T 細胞會「協助」與它辨識「相同」抗原的 B 細胞，來分泌專一性（即特異性）的抗體來消滅病毒。故淋巴器官的重要功能之一，就是將數量很少的各種淋巴球聚集在一起，使它們有機會可以相互作用。

三、B 細胞所產生的抗體是主要的體液免疫

　　B 細胞是負責生產「抗體」的細胞，而抗體結合抗原（病原體）後，可激活補體系統（引起發炎反應）、調理作用（便於細胞吞噬）、依賴抗體的細胞毒殺作用（ADCC）（激發 NK 細胞毒殺力），以及中和作用（防止病原體附著在細胞膜上）執行防禦功能。

　　和 T 細胞類似，B 細胞也會表現特有的「B 細胞受體」（B cell receptor, BCR）。BCR 可以看作是結合在細胞膜上的「抗體」。同一 B 細胞生成 BCR 和抗體，都具有相同的特異性，結合的抗原都是同一種。B 細胞和 T 細胞間決定性的一個區別，就在於它們「識別抗原」的方式。B 細胞所識別的抗原是天然形態的，而 T 細胞則識別被酶（即酵素）處理過的，而且是和「主要組織相容性複合體」（major histocompatibility complex, MHC）結合的「抗原胜肽」。

　　休眠狀態下的初始型（naive，新手的意思）B 細胞是不生產抗體的。當初始型 B 細胞結合了符合其特異性的抗原，並且接收了來自輔助型 T 細胞的激活信號，激活的 B 細胞就會快速增殖分裂，並分化出能夠大量產生抗體的「漿細胞」

（plasma cell）。

　　漿細胞是 B 細胞的「效應型」（effector）細胞，它生產的大量抗體能夠結合病原體上的抗原，使其更容易被吞噬細胞所清除，同時促進補體系統的級聯反應（cascade reaction），來加強免疫系統的攻勢。但大部分的漿細胞，只有 2 到 3 天的壽命；大約 10%的漿細胞，能夠成為壽命較長的「記憶型」B 細胞。和 T 細胞的記憶型細胞類似，當它們再次識別到同樣的抗原時，能夠更快的產生免疫反應。這就是接種疫苗的理論基礎。

四、T 及 B 細胞如何由初始型轉變為效應型與記憶型淋巴球

　　T、B 細胞必須要有能力發現入侵身體任何部位的外來病原體，並加以消滅。在正常情況下，免疫系統中每一種抗原專一性（即特異性）的淋巴球數量有限，因此不可能巡邏到所有抗原可能入侵的位置。因此，周邊淋巴器官組織（主要是淋巴結）的功能，就是要讓「抗原呈獻細胞」（antigen presenting cell, APC）「集中」抗原，讓淋巴球在「此處」辨識抗原。淋巴球具有全身循環的能力，「初始」淋巴球會前往外來抗原聚集的特定淋巴器官，經激活後就地成為效應型細胞，再前往已感染的身體部位消滅外來微生物。這是人類生存不可或缺的防禦大軍。

　　也就是說，T 及 B 淋巴球離開中央淋巴器官後，在周邊淋巴器官這裡，淋巴球會利用細胞表面受體去「辨識」並「結合」外來抗原。當「初始型」淋巴球遇到外來抗原，抗原專一

性的淋巴球就會大量分裂增殖，並分化為「效應型」細胞或「記憶型」細胞。

　　初始型淋巴球表面有受體，可「辨識」抗原，但並不具有「消滅」抗原的功能。這些 T 及 B 細胞，在血液和周邊淋巴器官中不斷地遊走，一直在期望能遇到可以和細胞表面受體「結合」的抗原，它們的壽命大概只有數周、數個月。如果初始淋巴球在這段時間一直沒有遇到相對應的抗原，便無法被「活化」，將進行細胞「凋亡」，並被新細胞取代。初始淋巴球透過辨識抗原，來啟動（激活）並分化為效應型細胞或記憶型細胞，因而確保免疫反應的抗原「專一性」。這就是「免疫」概念的精髓。

　　效應型淋巴球是由初始淋巴球分化而成，具備「消除」外來抗原的能力。在 B 細胞系列的效應型細胞，稱為「漿細胞」。因應周邊淋巴器官處的抗原刺激，漿細胞會發育，並在周邊淋巴器官停留和製造抗體。部分分泌抗體的漿細胞亦可在血液中發現，部分漿細胞會移動到骨髓，轉為更成熟的長期性漿細胞，持續製造抗體。

　　CD4$^+$T 細胞（輔助型 T 細胞）在激活後則會「分泌」大量細胞激素，藉此活化 B 細胞、巨噬細胞和其他類型免疫細胞，負責此類細胞的輔助性（helper）功能；效應型 CD8$^+$ 毒殺型 T 細胞（cytotoxic T lymphocyte, CTL）則具有殺死被病菌感染的細胞的功能。這些效應型細胞的壽命不長，在抗原被清除後就會死亡。

　　記憶型淋巴球在沒有抗原存在的情況下，能長時間存活。因此，此種記憶型細胞的數量會隨年齡「增加」，因為不斷接

觸外來環境中的微生物之故。事實上，新生兒周邊血 T 淋巴球中的記憶型細胞所佔比例少於 5%，但是到了成人，記憶型細胞的比例就增加至 50%，甚至更多。

當人體年歲漸長，來自胸腺新產生的初始型 T 細胞的數量會減少，但記憶型淋巴球會逐漸累積，來「彌補」此流失現象。除非再次受到抗原刺激，否則記憶型淋巴球不會被活化；但當再次遇到相同的抗原時，記憶型淋巴球會快速分裂增殖，形成許多效應型淋巴球，而再度引起免疫反應。這就是接種疫苗的原理。

有關 T 細胞的討論將在第 18 篇另作深入說明。

五、主動與被動免疫構成完整的免疫體系

當 B 細胞和 T 細胞被激活後，都可以生成一定數量的記憶型細胞。記憶型淋巴球可以視為是一個可以快速調動的、對某些特定病原體有效的 B 細胞和 T 細胞的「儲存庫」。因此，當第二次遇到曾經遇到過的病原體時，人體可以更快地啟動更強的免疫防禦反應。這是後天性「適應性」免疫系統的本義，且基本上是長時程的「主動」免疫記憶。

但人體也有能持續較「短時間」的「被動」免疫記憶，它持續時間，一般在幾天到幾個月。例如新生兒，包括免疫系統在內的各項身體機能都沒有完全發育完成，因此基本上並沒有自身的主動免疫記憶，所以相當容易被病原體感染。新生兒的免疫功能，基本上依靠母親提供的多層「被動」免疫防護。在子宮內，母體的 IgG 可以通過胎盤轉移到胎兒體內，以致於新

生兒的體內抗體濃度，可以對抗一些母體曾感染過的病原體。母乳中含有的抗體（主要是 IgA），可以通過哺乳而被新生兒的腸道吸收，為新生兒提供對抗病菌的免疫力。當來自母體的抗體，在幾個月內逐漸被降解，而使被動免疫失效的時候，此時嬰兒已經具備自己「主動」生產抗體的能力了。

對於自身沒有產生免疫反應，而只是從其他個體處獲得沒有再生能力的抗體，這種免疫機制稱為「被動免疫」。通過注射含有高濃度特異性抗體的血漿，是可以達到人為形成被動免疫的目的。這將另在後面第 26 篇說明。

簡單的說，主動免疫來自於遭遇到相同抗原時，自身免疫系統的「激活」，被動免疫則和自身免疫系統的激活沒有關係，往往只是抗體的「轉移」。因此大致可有下列四項概念。

（一）天然主動免疫：當人體被病原體感染後痊癒而獲得的免疫。

（二）天然被動免疫：懷孕時母體通過胎盤向胎兒體內轉移抗體，和哺乳期通過母乳，使嬰兒獲得抗體。

（三）人工主動免疫：通過接種疫苗（包括減毒的病原體或重組蛋白、核酸）獲得的免疫力。

（四）人工被動免疫：直接向人體內注射抗體，作為醫療手段。

一般接種疫苗後即有了初次免疫反應，經過數月或數年，當同樣或類似的抗原再度入侵人體時，便會快速地產生免疫反應，此即稱為「再次免疫反應」。再次免疫反應所產生的抗體濃度，會比初次免疫反應高出許多，主要原因是當人體首次接觸抗原後，體內會出現記憶型 B 細胞，所以再次遇到相同抗

原時，這些記憶型 B 細胞便會快速且大量地增殖，使得專一性的 B 細胞及所分化的漿細胞數量增加，而引起再次免疫反應。而此時，IgM 的製造與初次免疫反應相當，但 IgG 的量卻大大地超過初次免疫反應，而此種反應即是免疫系統具有記憶性及專一性的特徵。參閱圖 9-2。

六、抗原與抗體在免疫學上的相對關係

抗原（簡稱 Ag）為任何可誘發免疫反應的物質，不只是病原體，一般來說，人體內分子夠大的有機物，均有可能為一個抗原，這也就會導致如過敏等問題。外來分子經過人體「抗原呈現細胞」（APC）的接觸並吞噬到細胞內，與「主要組織相容性複合體」（MHC）結合後離開 APC 細胞，而活化 T 細胞，引發連續的免疫反應。

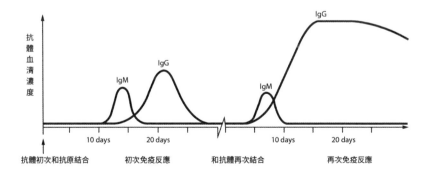

圖 9-2
抗體類型的轉換及 IgG 濃度之不同升高程度。

　　抗原所引發的免疫作用的反應程度，與其「外來性」有絕對關係。生物物種間的血緣差異越大，其間的抗原性差異即越大，引發的免疫反應也就越激烈。另外，分子量越大的物質，免疫性越強。活性免疫原的分子量約為 100,000 道爾頓（Da）以上，分子量在 5,000～10,000 Da 者，屬於較差的免疫原。

　　抗原性（又稱免疫反應性），是抗原刺激人體產生免疫反應的能力。通常認為抗原的分子量越大、化學組成越複雜、立體結構越完整，以及與被免疫動物的親緣關係越遠，則抗原性越強。抗原的物理狀態也對抗原性發生影響，例如在蛋白質，聚合狀態的比單體的抗原性強，一般球形分子的比纖維形分子的抗原性強。抗原加入佐劑改變物理狀態後，抗原性也得到增強。

　　就一般社會大眾所接觸事物來說，「抗原」是病毒、細菌等外來異物以及人體自身死亡的細胞，其能夠刺激人體產生免疫反應。「抗體」是由 B 細胞在抗原的刺激之下產生所分泌而形成。也可以說，抗原是人體免疫系統的入侵者，而抗體是防衛者。人體在識別抗原後，自然會產生「對抗」抗原的物質，也就是稱予抗體的由來了。

　　一般來說，抗原對人體有害，而抗體對人體有益。例如，B 肝病毒即是抗原，能夠「防止」B 肝病毒感染的物質，就是「抗體」，是人體因應「抗原」所產生的物質。抗體是免疫系統能識別外來物質的一種蛋白質，而抗原可以是病毒，細菌等，兩者的成分組成不同。

七、免疫球蛋白就是所謂的「抗體」

人體後天性免疫功能會針對特定抗原，發展出專一（特異）性的辨識「受體」，例如 B 細胞受體（BCR）與 T 細胞受體（T cell receptor, TCR）會對特定的抗原，產生專一性的受體；而 B 細胞在受到特定抗原刺激後，會分化成漿細胞，這種漿細胞會進一步將「免疫球蛋白」（immunoglobulin，簡稱 Ig）分泌到胞外。這些免疫球蛋白與 B 細胞受體，具有相同的「抗原結合位」（決定簇），可辨識相同的抗原。B 細胞只具有「膜結合型」的免疫球蛋白，而嚴格說，只有漿細胞才能將免疫球蛋白「分泌」出來，成為可溶性形式。

因此，免疫球蛋白可分成：（一）分泌型免疫球蛋白（secreted Ig），由漿細胞分泌到血液中及組織液中；（二）膜結合型免疫球蛋白（membrane Ig），存在 B 細胞表面，是 B 細胞抗原識別受體（BCR）。分泌型免疫球蛋白也就是一般所稱的「抗體」（antibody，簡稱 Ab），利用非共價的方式與抗原結合。抗體所執行的免疫反應，即是人類最主要的「體液免疫」（humoral immunity）。

免疫球蛋白基本結構是由四條胜肽鏈組成，兩條相同的重鏈（heavy chain，H 鏈）和兩條相同的輕鏈（light chain，L 鏈）組成，由鏈與鏈間的雙硫鍵連接，形成一個「Y」形的單體結構。

圖 9-3 及 9-4 顯示抗體形狀與 BCR、TCR 之對照圖。

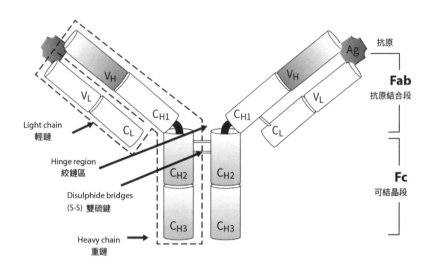

抗體結構簡圖。

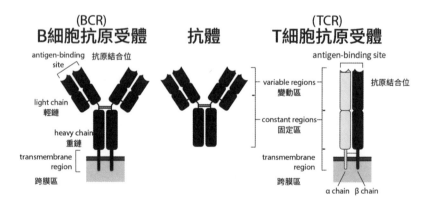

B 細胞的 BCR 和抗體、TCR 三者結構相似。

八、B 細胞抗體類型的轉換機制

B 細胞抗體的類型其實是一直在轉換的。初始型（naive）B 細胞是分化成熟，但尚未受抗原刺激的 B 細胞，表面同時表現 IgM 和 IgD。隨後經抗原刺激，細胞被活化，會產生免疫球蛋白類型的轉換，也就是原有的 IgM 和 IgD，轉換成其他類型（IgG 和 IgA、IgE）。

每一個單一的細胞會產生特異性的「抗原結合位」，來辨識相對的特異性抗原。隨著抗原的刺激及時間點的改變，在不改變「抗原決定位」的特異性之前提下，B 細胞會改變免疫球蛋白的「類型」。B 細胞被抗原刺激後，不全分化成漿細胞，某些被抗原刺激的 B 細胞，會成為記憶型 B 細胞。這些記憶型 B 細胞在第二次受到抗原刺激，及 T 細胞的參與下，會進行類型的轉換。也就是在「不改變」VDJ 基因的重組下，會進一步進行重鏈 C 段（恆定區）基因的重組。

重複的抗原刺激 B 細胞，會明顯產生類型轉換，由產生 IgM 開始，接著產生 IgG，或產生 IgA 和 IgE。這些類型的轉換，會造成體液免疫的多樣性；針對相同的抗原，而有不同的免疫反應型式。例如，IgM 和 IgD 可以活化補體路徑，IgA 可以在黏膜表面出現，IgE 可以使肥大細胞「去顆粒」（釋放過敏物質），IgA 和 IgG 可以「中和」病原體，使身體免於感染。

九、中和抗體在新冠肺炎對抗病毒的機轉

在後天適應性免疫反應中，B 細胞產生的抗體會與外來病原體（抗原）結合，來阻斷外來病原體與人體細胞的結合，而

有「隔離」病原體的機制，因此可抵抗病毒感染，保護人體免受病原體的侵襲。抗體不僅需要能夠「結合」上目標蛋白，而且還要能夠防止目標蛋白與其他蛋白質之間的相互作用；透過佔據「結合」位點，可阻斷目標蛋白與其他蛋白的結合來達成免疫目的。這是抗體藥物（免疫抑制劑）的原理。可參閱圖18-2 的說明。

「細胞激素」是免疫系統用以作細胞間的溝通、調節的重要工具，其所引發的發炎反應是身體受到病原體感染後，產生的保護機制；適度的發炎反應有利身體去除病原體，但失控的細胞激素風暴卻會損害人體的組織、器官和系統，演變為致命的全身性發炎。在嚴重感染 COVID-19 的患者血漿中，可發現 IL-2 等有較高的表現量。若要阻斷細胞激素的活性，就須有中和抗體的角色存在。因此若以來自 COVID-19 康復患者之血液的中和型抗體，來施打在感染病患，可藉由減少血液中的病毒數而預防細胞激素風暴。

有些抗體是不具中和力的。在對新冠肺炎的檢測中，有的測試是量測可抓住病毒棘狀蛋白的 IgG、IgM 之抗體檢測，但這並非是在測試抗體的「中和力」。中和抗體的檢測，是要了解可以保護人體細胞，而使人體不受病毒入侵的抗體「效價」。假若只是檢測 IgG、IgM 抗體是否存在，只適用於判斷人體是否曾受病毒感染，兩者檢測目的並不相同。

十、抗體免疫反應在血液系統上造成的排斥問題

存在於恒河猴與人類紅血球共同的表面抗原，稱為 Rh

「抗原」。絕大多數的黃種人都是 Rh 抗原陽性,其血液裡是沒有 Rh 的「抗體」。Rh 血液在懷孕婦女有很重要的免疫學意義。

當 Rh 陰性婦女初次懷孕,若所懷的胎兒為 Rh 陽性(因父親為抗原陽性)時,母體免疫系統在懷孕的前三個月,就會接觸到胎兒的紅血球。當 Rh 抗原陽性胎兒的紅血球進入母體時,其抗原會激發母體產生對抗 Rh 的「抗體」。這是因胎兒的 Rh 抗原對 Rh 陰性母體而言,是「異型」抗原,母親會產生免疫抗體,屬於 IgG 類,這種抗體可通過胎盤流到胎兒。

由於 Rh 陰性母親血液中已有 Rh 陽性抗體的「記憶」(免疫的基本特性),當再次懷孕,而胎兒仍為 Rh 陽性時,則母體內原已產生的 IgG 抗 Rh 抗體,會被激活而大量增殖並進入胎兒體內,進而造成胎兒流產或新生兒溶血症。因此種 Rh 抗體產生比較慢,故第一個 Rh 陽性胎兒可能安全生產,但懷第二個 Rh 陽性胎兒,母親的抗 Rh 抗體就會「迅速」上升,會通過胎盤造成胎兒流產或「新生兒溶血性疾病」(Hemolytic disease of the newborn, HDNB)。

HDNB 發生原因是 Rh 陰性的母親在懷孕時,被胎兒紅血球的 Rh 陽性抗原刺激而產生 IgG 抗體,此抗體經胎盤進入第二胎胎兒體內,會和胎兒紅血球發生「輸血」反應,使紅血球遭受到破壞。要預防此種疾病,有的在第一胎生產後第一、二天內,就在母親注射對抗 Rh 陽性抗體的藥物,阻止胎兒紅血球的 Rh 陽性抗原,去「特異性激起」母親的 B 細胞之抗體記憶,才可以去懷第二胎,否則第二次懷孕,胎兒若也是 Rh 陽性,會造成胎兒之紅血球遭受破壞現象。

在器官移植的急性排斥反應，其發生的原因，是受者體內有對抗移植物的「抗體」存在。例如如果輸血時紅血球「ABO血型」不合，會引起急性排斥。A型血液輸給B型血液的病人，會因B型血液的病人原即存在體內的「抗A型」之「抗體」，故當A型血液輸給B型血病人時，就會造成急性排斥。

對「移植」產生的抗體有二種，一種是「沒有」接觸已知抗原的情況下，就已存在身體內。這些抗體有針對不同血型產生的IgM抗體，及針對異種動物細胞產生的IgM、IgG抗體，所以將動物器官移植到人身上，會產生急性排斥反應。另一種就是特異性的抗體，有時在多次懷孕或曾經排斥過的移植物，是會產生「記憶型」的B細胞，當「再次」接觸外來移植物時，造成B細胞的活化，及產生特異性抗體之漿細胞的擴增，也會造成對移植物的排斥反應。

某一血型的人會辨認所輸入其他血型的人之紅血球抗原，並對此抗原產生抗體。A型血型的人輸入具有A型抗原紅血球時，因被認為是自我抗原而產生「免疫耐受」（不會發生排斥反應），故不會產生對抗A型抗原的抗體；但A型的人因B型紅血球抗原是「外來」抗原，故其身上是會有抗B抗原「抗體」的。O型的人沒A和B型抗原，但身上有抗A及抗B的抗體，因此若輸入A、B、AB型的人的血液時，因血清中含有對抗外來紅血球抗原之抗體，就會造成輸血反應，包括發燒、血壓降低、噁心、嘔吐、胸痛等症狀。

若以抗原、抗體結合觀點來看，人體血漿中的「凝集原」（agglutinogen）是一種抗原，附著在紅血球表面。「凝集素」

（lectin）是「抗」同型凝集原的「抗體」，也存在於血漿中。同型的凝集原和凝集素如果相遇（如凝集原 A 和抗 A 凝集素），就會發生紅血球凝集現象。人類的紅血球還有兩種凝集原，分別叫做 A 凝集原和 B 凝集原，人類血清中則含有與凝集原「對抗」（結合）的兩種凝集素，分別叫做抗 A 凝集素（抗體）和抗 B 凝集素（抗體）。因此，每個人的血清中都不會含有與自身血型的 A（或 B）抗原的 A（或 B）抗體。輸血時若血型不合而使輸入的紅血球發生「凝集」，會引起血管阻塞和大量溶血，所以在輸血前必須做血型鑒定。正常情況下，只有血型相同者可以相互輸血。在缺乏同型血源的緊急情況下，因 O 型無凝血原，不會被凝集，故可輸給任何其他血型的人。AB 型的人，血清中無凝集素，可接受任何血型的紅血球。

10

先天與後天免疫之
互補性與複雜性

一、人體有三層免疫防護機制

　　人體有三層免疫防護機制，第一層是人體皮膚與黏膜。皮膚與黏膜可以隔絕大多數的病原體進入人體，是人體最大的防護層，但若病原體因為傷口進入體內，人體就會即刻觸發免疫防護的第二層機制。

　　人體第二層防護主要是先天性免疫細胞群。先天性免疫，以 NK 細胞、顆粒球和巨噬細胞為主要免疫細胞群，在辨識病原體之後，進行吞噬、消滅。先天性免疫細胞群，不需要經過教育訓練，就可以快速攻擊外來的病原體。因為不具有特定攻擊的能力，所以其攻擊是全面性的，但消滅病原能力卻「有限」。當先天性免疫細胞群無法有效吞噬、撲殺病原，就該依靠人體免疫防護的第三層機制。

　　第三層防護即是後天性免疫細胞群。其以 B 細胞、T 細胞和 DC（樹突細胞）為主要免疫細胞群。B 細胞有製造抗體的能力，T 細胞可以清除病原體及癌細胞。DC 會先吞噬病原體產生抗原，再利用抗原訓練 T 細胞去辨識病原體及癌細胞，使 T 細胞具有對「特定」目標攻擊的能力，進而消滅病原體。

二、人體皮膚及黏膜是第一道保護層

　　人體的第一道防線是皮膚和黏膜。皮膚覆蓋在身體，除了氣體、水分，以及像精油等少數小分子物質外，除非有傷口，否則病原體不易入侵。但是像腸道、肺泡、腎絲球等，人體裡面需要高效率交換物質的地方，就必須以黏膜系統覆蓋。因此，在人體先天免疫系統上，皮膚表皮細胞提供了阻止各種病原體入侵的屏障。表皮的自我更新能力，清除依附其上的微生物。毛囊是相對薄弱的地方，容易招致金黃色葡萄球菌感染。汗腺分泌的乳酸、脂肪酸，營造了一種酸性環境，可抑制細菌的生長。皮膚是重要的免疫屏障，因此，燒傷、剝脫性皮層炎等原因，若導致大面積皮膚缺失，人體將面臨嚴重感染的威脅。

　　人體呼吸道、消化道到泌尿道所流動的體液，可以將微生物沖刷到體外。因此，一定程度的腹瀉、排尿或咳嗽，具有自我保護意義。黏膜所分泌黏液，可以黏附各種微生物，阻止他們黏附到上皮細胞。然後藉助纖毛擺動、管腔蠕動以及咳嗽等的機械作用，將微生物清除。黏膜的上皮組織也提供一定程度的屏障作用。另某些管腔含有的體液具有殺菌物質，如胃腔含有的胃酸可以殺死傷寒桿菌等。許多黏液含有溶菌酶等多種殺菌物質。

　　腸道表面覆蓋著由單層上皮細胞構成的黏膜，黏膜下面就是密密麻麻的微血管及乳糜管系統。食物由口腔、胃到小腸，消化分解成胺基酸、葡萄糖、脂肪酸等小分子，透過黏膜被吸收，再由微血管、乳糜管進入循環系統。腸道具有廣大面積且

高效率的黏膜,來吸收有益的營養素,並輸送到全身。同樣的,有害的毒素、病毒,也可能同樣的被高效率吸收及運送。所以人體的防衛體系才將大部分的免疫防衛軍隊配置在腸道,用來保護腸道黏膜的安全。也就是說,有七成以上的免疫細胞,如巨噬細胞、T 細胞、NK 細胞、B 細胞等,集中在腸道,有七成以上的免疫球蛋白 A,由腸道製造,而且用來保護腸道。所以腸道是人體極重要的免疫器官。

人體內腸道共生菌承擔了消化食物和保護腸道的責任,如果腸道菌叢活動失衡,將成致病的源頭。因此,腸道菌叢與腸道免疫系統不是對抗的關係,而是共生的關係。腸道免疫系統平常就以腸道菌叢作為假想敵,訓練免疫系統,幫助免疫系統成熟發展,因而衍生出益生菌療法的概念。

三、先天性免疫細胞為最重要的第二道防線

人體抵抗傳染病機制非常多,皮膚是阻隔體內與病原體的第一道防線。但假使病原在眼、鼻、口等地方入侵人體,會有第一批免疫細胞上前攻擊,包含巨噬細胞、嗜中性球、自然殺手細胞(NK 細胞),將身體不認識的病原體先嘗試消滅。不論病原有沒有侵犯身體內部,第一批免疫細胞都會先攻擊,如果順利除去,身體基本上不太會有症狀,即可阻止感染上身。但當病原突破第一波先天免疫系統時,人體會開始出現感染跡象,常有如發燒等症狀出現。但免疫系統一般會在 1 至 7 天內,記住病原特徵,產生出特定「抗體」,來更有效的第二波攻擊外來病原體。

　　先天性免疫細胞不需要經過教育訓練，就可以立刻對外來的入侵作出反應，但只能分辨敵我，卻無法對特定的敵人作出選擇性反應。「嗜中性球」生命周期僅有短短的 12 小時，它們反應非常迅速，當病菌侵入後的 30～60 分鐘，便可抵達受感染部位，算是先天性免疫的「先鋒」。「巨噬細胞」也是先天性免疫的攻擊主將，生命周期較久且可不斷增殖。它們體積巨大，會大口吞噬病菌，而且會發出警告，通知第三道防線的後天性免疫系統，開始製造能「專一」（透過抗原呈遞作用）對付入侵者的武器（抗體或 T 細胞）。尤其「自然殺手細胞」不但會執行殺死病原的工作，還會主動尋找並攻擊受病原體感染的「細胞」，以及突變癌化的細胞。

　　先天性免疫是局部的，故會引起局部的發炎反應（紅、腫、熱、痛），後天性免疫（即第三道防線）是全面性的，具有專一（特異）及記憶的特性，基本上從病原體入侵到啟動最後的免疫反應，大概可能需多達 7～10 天，所以免疫系統正常的人，就算不吃藥，7～10 天也常會自然痊癒。

四、人體先天免疫系統啟動後之各項機制

　　人體先天免疫系統，又稱為非特異性免疫、固有免疫、非專一性防禦，包括一系列的細胞及相關機制，可以以非特異性的方式，識別並消除病原體。與後天免疫系統不同，先天免疫系統不會提供持久的保護性免疫，而只是作為一種迅速的對抗感染作用。

　　「補體系統」是免疫系統中的一種如骨牌的生物化學級聯

反應（cascade reaction）。它可以幫助或者「補足」抗體清除抗原物質；或標記抗原物質，以等待進一步的清除作用。這種級聯反應由多種血漿蛋白的相互作用所完成，這些蛋白由肝臟中的肝細胞所合成。這些蛋白完成的主要工作包括：（一）啟動發炎反應相關細胞的召集。（二）透過調理作用包被在抗原表面來標記抗原，以待其他細胞來消滅。（三）清除抗體-抗原結合之免疫複合物。

在先天免疫系統的運作上，人體會生產多種細胞激素，將先天性免疫細胞召集到受到感染或發炎區域，利用特化的白血球來「識別」和「消除」在器官、組織、血液和淋巴中出現的外來病原，激活補體系統來清除死亡細胞或抗體-抗原之免疫複合物，更透過「抗原呈遞」過程，激活「後天」免疫系統。

「發炎反應」往往是免疫系統對感染或外來刺激的第一個回應。它在由受損細胞所釋放的化學因子的刺激下產生，並形成一種防止感染擴散的屏障。此外，在清除病原後，發炎反應還可以促進損傷組織的癒合。發炎反應中產生多種化學因子，包括組織胺、前列腺素、5-羥色胺（血清素）、白三烯（leukotriene）。這些化學因子可以增強痛覺感受器的敏感度，引發血管舒張，並召集吞噬細胞和嗜中性球。嗜中性球會透過釋放細胞激素，來召集其他的白血球。發炎反應會表現出紅、腫、發熱、疼痛，及可能發生的相關組織器官的功能失常。

先天性免疫作用的各項細胞激素，包括了「干擾素」（interferon, IFN），其是一種成分為醣蛋白的細胞激素，在阻隔病毒感染後的擴散上，扮演非常重要的角色。干擾素可改變人體細胞的代謝途徑，以阻礙病毒在人體細胞內的複製。當人

體細胞遭受病毒入侵約 24～48 小時，受感染的細胞會迅速分泌甲、乙型干擾素（IFN-α、IFN-β），使「鄰近」的細胞產生防禦作用而得到保護，以避免繼續受到同種病毒的侵襲。

當然最重要的是在先天免疫的最大咖，即體內的自然殺手細胞及巨噬細胞也會被活化，啟動其對入侵病毒的毒殺作用。

五、先天性與後天性免疫之銜接

免疫細胞是以分工合作的形式，與侵入人體的外來物作鬥爭。可以簡化而概要的描述以下免疫細胞的主要運作程序：

（一）一旦細菌病毒進入人體內，首先由稱之為「吞噬細胞」中的嗜中性白血球和巨噬細胞，將外來物（抗原）吞噬，防止有害異物進一步在體內擴散。當這些吞噬細胞吞噬不完外來異物，感到力不從心時，就會將抗原入侵的訊息傳遞給「樹突細胞」。

（二）接到訊息的樹突細胞就會立即移動到附近的淋巴結，把收到的抗原訊息傳遞給尚未接觸過抗原的初始型 T 細胞和初始型 B 細胞，於是，接收到訊息的 T、B 細胞被激活。

（三）成為效應型 T、B 細胞後，其可直接對外來異物（抗原）進行攻擊，同時還分化成輔助型 T 細胞、毒殺型 T 細胞，及生產抗體的漿細胞，以及具有記憶功能的記憶型 T 細胞和記憶型 B 細胞。這些具有記憶功能的 T、B 細胞，可以對再次侵入體內的抗原進行快速識別，並迅速發起攻擊。

先天免疫系統和後天免疫系統是密切合作。如果沒有先天免疫系統中「抗原呈遞細胞」（APC）的幫助，免疫系統中的

T 細胞幾乎無法被激活，而 B 細胞也不能正常工作。同樣，如果沒有後天免疫系統特異性而高效的防禦手段，先天免疫系統也無法處理頑強的病原體感染。

六、人體後天性免疫系統之主要組成特性

後天性免疫也可分為體液性免疫及細胞性免疫。體液性免疫的主角是 B 細胞產生的抗體，主要除了 IgM，還有 IgG（血液中主要的抗體）、IgE（產生過敏反應的抗體）、IgA（乳汁、呼吸道、消化道、生殖泌尿道中主要的抗體）。細胞性免疫是 T 細胞主導的免疫反應，分為毒殺型 T 細胞（消滅被病毒感染的細胞）及輔助型 T 細胞（刺激 B 細胞產生抗體及釋放各種細胞激素以激活其他免疫細胞）。

後天適應性免疫反應，是病原體入侵後，將病原體的抗原「加工處理」，並且由抗原呈獻細胞（APC）與 T 細胞和 B 細胞作用後，所發生的後續免疫反應。這包括了特異性抗體的產生，以及各個免疫細胞的相互激活。抗體的產生，更會產生「中和」和「調理」作用。

後天免疫系統可以在初次感染某種病原體後產生免疫記憶，並在下一次感染這種病原體時，產生更強的抵抗力。這一特徵是疫苗接種的理論基礎。這樣的免疫記憶有時可以為人體提供長時間的保護，例如，感染麻疹後痊癒的人，終身都會具有對麻疹的抵抗力。但對其他一些病原體而言，這種記憶並不會持續終身，例如水痘。

後天免疫系統之所以也被稱為「獲得性」免疫，是因為人

體對病原體特異性的免疫力，是後天「獲得」的。反之，先天免疫系統對病原體一般性的抵抗力，是早已編碼在遺傳基因中的。此外，「後天」也稱「適應性」免疫的說法，則是因為它的最終目的，是對不同環境的適應。後天免疫系統的「適應性」，來自於人體細胞快速的突變過程，和 V(D)J 重組（不可逆的抗原受體基因重組）。這兩個過程使得少量的基因，可以產生大量不同的抗原受體（抗體），並各自表現於不同的淋巴球表面。由於基因重組是不可逆的，這些淋巴球的子代（包括記憶型免疫細胞）都會繼承同樣特異性的抗原受體基因。

七、人體異己免疫反應與免疫耐受之平衡

　　當病原體穿過了先天免疫的屏障，且符合以下兩個條件：（一）產生了一定量的抗原，（二）產生了活化樹突細胞的「異己」或者危險訊號時，後天免疫系統就會被激活。後天免疫系統的主要功能包括：（一）從接觸到的大量抗原中，識別出「異己」的抗原，並呈遞給淋巴球。（二）產生能最大化消滅特定病原體或感染細胞的免疫反應。（三）將感染過的病原體的訊息，以記憶型 B 細胞和記憶型 T 細胞的形式保存，也就是「免疫記憶」。在人體內，後天免疫系統至少需要 4～7 天，來產生足夠明顯的免疫反應。

　　免疫系統的基石，是對「自己」和「異己」的識別。懷孕過程中母體的免疫系統為何不會攻擊，應該被識別為「異己」的胎兒？這個問題有許多解釋，如胎兒事實上是位於母體的免疫豁免區內，也就是子宮，這一區域免疫系統的活動是不活躍

的;又如胎兒自身可以抑制母體的免疫反應,這是因母體子宮
產生的一些醣蛋白可以抑制針對子宮的免疫反應。

對於外來異己抗原,人類本即會建立免疫耐受性,例如腸
道黏膜不會對吃進去的食物抗原產生免疫反應,又如胎兒對母
親經由胎盤所輸入異己物質也會產生免疫耐受。尤其異體器官
移植的成敗,即在如何誘導免疫耐受,而抑制 T 細胞的過度
排斥反應。同樣的,人體免疫細胞的自我辨識而「不作為」,
也可能促使癌細胞對免疫細胞享有免疫耐受,這也正是有些癌
症不易根治的原因。

當然另一方面,人體免疫細胞若錯把自我視為異己而加以
追殺,那就是疾病發生率日增而受到重視的自體免疫疾病。近
年來相關的免疫學發達後,許多疾病才確定是自我辨識系統之
錯亂所造成的。

八、MHC 第一、二型所對應毒殺型與輔助型之不同的抗原呈遞作用

樹突細胞可以吞噬外來的病原體(如病毒、細菌、寄生
蟲),之後根據趨化因子的訊號,遷移到富含 T 細胞的淋巴
結內。樹突細胞會利用水解酶,將吞入的病原體分解成碎片
(抗原胜肽片段)。在淋巴結內,樹突細胞會把這些「異己」
的抗原,和「主要組織相容性複合物-II」(MHC-II)結合,
「呈遞」並激活 CD4$^+$ 輔助型 T 細胞。然後,如圖 10-1 所
示,輔助型 T 細胞是免疫系統的總指揮,經由各式細胞激素
的分泌激活了所有免疫細胞。

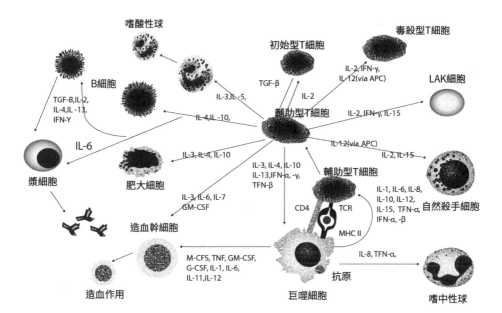

嗜酸性球

毒殺型T細胞

初始型T細胞

B細胞

TGF-β

IL-2

IL-2,IFN-γ,
IL-12(via APC)

LAK細胞

TGF-B,IL-2,
IL-4,IL-13,
IFN-Y

IL-3,IL-5,

輔助型T細胞

IL-2,IFN-γ,IL-15

IL-4,IL-10,

IL-6

IL-12(via APC)

IL-2,IL-15

漿細胞

IL-3,IL-4,IL-10

肥大細胞

IL-3, IL-4, IL-10
IL-13,IFN-α,-γ,
TFN-β

輔助型T細胞

IL-1, IL-6, IL-8,
IL-10, IL-12,
IL-15, TFN-α,
IFN-α, -β

自然殺手細胞

IL-3,IL-6, IL-7
GM-CSF

CD4

TCR

造血幹細胞

MHC II

M-CFS, TNF, GM-CSF,
G-CSF, IL-1, IL-6,
IL-11,IL-12

IL-8, TFN-α,

造血作用

抗原

巨噬細胞

嗜中性球

圖 10-1

輔助型 T 細胞對其他免疫細胞利用旁分泌功能，釋放各種細胞激素以促
進免疫反應。

　　另外，人體所有的有核細胞，都會把胞內降解的蛋白質片段（無論這些蛋白質是正常的，還是癌變或感染的產物），和「主要組織相容性複合物-I」（MHC-I）結合，並「呈遞」到細胞表面。CD8⁺ 毒殺型 T 細胞可以識別這些抗原，一旦發現了「異己」抗原，就會激活免疫反應，並將這個「呈遞」異己抗原的細胞加以消滅。也就是說，被病原感染的細胞會將抗原片段加工處理，轉運至內質網與第一型 MHC 結合，再表現在該細胞表面上，當 CD8⁺ 毒殺型 T 細胞與 MHC-I 結合後，接著毒殺型 T 細胞會釋放出穿孔素、顆粒酶及腫瘤壞死因子等細胞激素，或者誘導被感染的細胞表現 Fas（經由 T 細胞的對應配體，ligand 之接合），均可促成被感染細胞的凋亡。

　　除了沒有細胞核的細胞（例如紅血球），所有的人體細胞都能夠透過第一型主要組織相容性複合物來「呈遞」自身的抗原。因此，人體內的有核細胞一旦受感染或癌變，均會被毒殺型 T 細胞識破並加以消滅。

　　後天免疫的工作依賴於免疫細胞能分辨人體「自身」細胞和「外來」入侵者的能力。人體自身的細胞會表達「自身」抗原，這些抗原和病原體表面的抗原，或被感染的細胞表面的抗原（「異己」抗原）都不相同。後天免疫系統就是透過識別異己抗原，而啟動對抗入侵者的免疫反應。

　　至於專門擔任「呈遞抗原」功能以激活 T 細胞的免疫細胞，如樹突細胞、B 細胞和巨噬細胞，均具有特殊的共刺激「配體」，其會結合 T 細胞上的「共刺激」受體（receptor）來激活 T 細胞。圖 10-2 有助於對抗原呈遞（現）細胞（APC）免疫反應流程之了解。

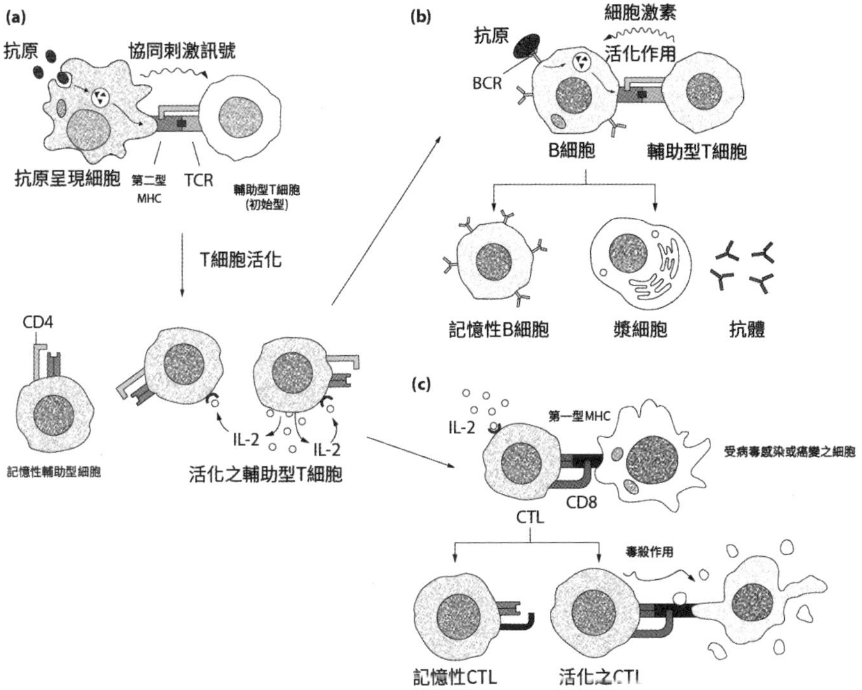

圖 10-2

APC 使輔助型 T 細胞之激活（a），進而透過細胞激素激活 B 細胞（b），同時並激活毒殺型 T 細胞促成目標細胞之裂解（c）。

APC 除了經由第二型 MHC 激活輔助型 T 細胞，也會利用細胞內上述的第一型 MHC 路徑直接激活毒殺型 T 細胞，此種雙管齊下的作用，即可稱之「交叉呈遞」作用。

九、免疫的多樣性是後天免疫的特點

一個抗體分子是由兩條重鏈和兩條輕鏈組成。獨特的「可變區」（相對於恆定區）使得抗體，可以去「識別」其對應的抗原。抗原分子上，和抗體或者淋巴球（包括 T 細胞及 B 細胞）表面受體，相互作用的部分，稱為「抗原表位」（antigenic epitope）又稱「抗原決定簇」（antigenic determinant）。大部分抗原分子上，都具有多個表位。

為了對不同的抗原做出合適的反應，免疫系統需要能夠分辨識別，自然界中各式各樣的抗原的能力。人體主要依靠抗體來識別抗原，抗體與抗原好比鑰匙與鎖的關係，為了能夠打開各種可能出現的鎖（抗原），人體需要準備和鎖的種類同樣數量的鑰匙（抗體）。即使在沒有抗原刺激的情況下，人體也可以製造出多於 10^{12} 種抗體。如果每種不同的抗體蛋白質，都由單獨的基因編碼，需要的基因數量應要相當之多。然而人類基因體中，編碼蛋白質的基因數量僅有不到 25,000 個。

在 T 和 B 淋巴球的發育過程中，TCR 或 BCR 是由 V、D、J 基因片段（位於染色體上的大量 V 或 D 或 J 基因）重新形成。正常情況下，V/D/J 基因隨機組合，並在 V-D 或 D-J 連接處，隨機插入或刪除一些核苷酸，結果會使每個個體產生大量不同的 TCR 和 BCR。

理論上估計，人類應會有超過 10^{18} 種獨特的 TCR 和 2×10^{12} 種獨特的 BCR。因此，透過 TCR 和 BCR 特異性增殖分裂，或者提高抗體親和力，可以產生後天適應性免疫反應來抵抗外來抗原感染，保持人體健康。巨大的 T 和 B 細胞的多樣性，也構成了個人的免疫系統，在一定程度上也反應個人的免疫能力。

11

吞噬作用與補體系統之
免疫功能

一、吞噬細胞和吞噬作用之功能

　　吞噬細胞為人體的防衛細胞，它透過吞噬病毒細菌、壞死和凋亡細胞等有害物質來保衛人體。其原文「Phagocyte」，前半部來自希臘語「Phagein」（意為吞食），後半部「-cyte」為細胞（cell），來自希臘語「kutos」（意為中空容器），吞噬細胞在人體對抗外來病原感染的免疫過程中不可或缺。

　　吞噬作用（Phagocytosis）就是指細胞吞噬病毒細菌、體內死亡細胞殘骸的過程。以細菌為例，其與吞噬細胞表面「受體」結合後，吞噬細胞隨後運動到細菌周圍，將之吞食。遭吞噬細胞吞噬到胞內的細菌，會裹在「吞噬體」內，並與「溶酶體」（lysosome）融合，形成「吞噬溶酶體」（phagolysosome）。吞噬細胞隨後利用其內部產生的「活性氧物質」（reaction oxygen species, ROS）以及「一氧化氮」，殺死它所吞噬的病菌。

　　在吞噬完成後，巨噬細胞以及樹突細胞也會參與「抗原呈獻（現）」的過程。在該過程中，吞噬細胞在吞噬「抗原」後，會將其「一部分」（胜肽片段）轉移到細胞表面，隨後這

些「抗原」物質會呈現給其他免疫細胞。一些吞噬細胞會移動到人體的淋巴結，並將上述「抗原」呈現給淋巴球，此過程對建立「特異性」免疫反應相當重要。但是也有許多病原體，演化出逃避吞噬細胞攻擊的機制。

二、吞噬作用對人體健康的重要性

吞噬細胞對人體健康的重要性上，就以病毒為例，病毒只能在人體細胞內複製，藉由細胞表面的特定受體進入細胞內。進入細胞後，病毒會控制細胞的合成系統，產生自身複製所需的物質。吞噬細胞和其他先天免疫系統的成員能在一定程度上，抑制病毒的擴散，但在病毒進入人體細胞後，後天適應性免疫（主要是 T 細胞）才是防禦的主力。在病毒感染的區域，T 細胞的數目常常遠超過其他免疫細胞，「毒殺」受病毒感染的細胞後，吞噬細胞就會將其殘骸吞噬清除。

人體內細胞不斷的分裂增值和死亡，維持著人體細胞數目的穩定。人體每天都必須要清理大量已死亡的細胞，吞噬細胞在這個處理過程中，扮演了非常重要角色。細胞凋亡末期的細胞表面會出現「磷脂絲胺酸」（phosphatidylserine, PS）等分子，這些表面分子藉由吞噬細胞相應的「受體」能夠加以辨識，並將該細胞吞噬。透過吞噬細胞清理凋亡細胞的過程，不會引起發炎反應。

另外，吞噬細胞與其他免疫細胞的相互作用，更確保了人體的健康。吞噬細胞通常不會固著在特定的器官，而會在體內各處遊走，並與其他組成免疫系統的吞噬細胞和非吞噬細胞發

生「相互」作用。吞噬細胞透過「細胞激素」，與其他人體細
胞進行資訊交流。細胞激素能招募其他的吞噬細胞到感染區
域，也可以「激活」未活化的淋巴球。

　　吞噬細胞是人類先天免疫系統的一部分，先天免疫的效率
很高，但卻專一性不高，即先天免疫無法「精確」針對入侵物
質的物種而予「特殊」的反應。但吞噬細胞，尤其是樹突細胞
以及巨噬細胞，能夠通過「抗原呈遞」，將吞噬物質的片段，
搬運到細胞表面，並將它們「呈遞」給 T 細胞。

　　成熟的巨噬細胞並不會離開感染區域太遠，不過樹突細胞
能移動到含有大量淋巴球的淋巴結處。之後，樹突細胞將抗原
胜肽呈現給淋巴球（包括 T 細胞及 B 細胞），使淋巴球對抗
原胜肽產生專一性的抗體及表面受體。

三、調理作用與吞噬作用的連動關係

　　早在 1903 年，阿爾姆羅斯‧賴特（Almroth Wright）發現
吞噬作用能夠透過特殊的「抗體」來強化，當時他稱這種抗體
為「調理素」（opsonin），來自希臘語「opson」，意即「調
味品」。吞噬細胞與抗體之間錯綜複雜的關係，直到 1980 年
代才得到闡明。「調理作用」能使外來病原體與吞噬細胞發生
更強的相互作用。

　　如圖 9-3 所示，Y 字型抗體的「Fab」區域會與抗原結
合，而抗體的「Fc」區域則結合吞噬細胞表面上的「Fc 受
體」，以促進吞噬作用。但吞噬細胞不具有用於免疫球蛋白
M（IgM）所對應的 Fc 受體，使 IgM 在協助吞噬作用上無

效。但 IgM 在激活補體方面非常有效。

四、補體系統具有多項免疫功能

　　補體系統（complement system）是一系列的蛋白質所組成，在「體液」免疫上，就調理和吞噬作用而言，在補體系統「典型」路徑產生的 C4b，和「旁路」路徑產生的 C3b，均會「結合」在病原體的表面上。這些成分能作為「調理素」，會與帶有補體受體的免疫細胞結合。例如 CRI（Ⅰ型補體受體，CD35）即存在於嗜中性球及巨噬細胞、B 細胞和濾泡樹突細胞上，所以當補體與這些吞噬細胞表面上此受體結合，就會激活吞噬作用。

　　另就刺激發炎反應方面而言，補體的片段成分 C5a、C4a、C3a，是會激活肥大細胞和嗜中性球，造成急性發炎反應。這三個成分會結合在肥大細胞上，造成肥大細胞「去顆粒」（degranulation）反應，釋放血管活性物質，這些成分也稱為「過敏毒素」（anaphylation）。

　　當抗原與抗體結合產生的「免疫複合體」（immune complex）的清除，也是補體一項很重要功能。人體的免疫系統會產生免疫複合體，如果沒有適當地清除，這些免疫複合體會累積，可能沉積在血管壁上，引起發炎反應及周圍組織的傷害。具有補體受體的紅血球，可以與某些免疫複合體結合，隨血液循環到達肝臟，由吞噬細胞清除。紅血球數量龐大，是血液循環中免疫複合體的主要清除者。

　　補體與免疫複合體的結合，可加速已沉澱的免疫複合體的

「溶解」。補體系統若不健全，人體清除複合體的能力將下降，會使複合體沉積在皮膚、腎臟等組織，引起發炎反應。一般而言，低親和力的抗體會形成較小的免疫複合體，高親和力的抗體會形成較大複合體，很容易調理（吞噬作用），也就是說較大的免疫複合體，更易予清除。

12

MHC 在免疫機制上的
神奇功能

一、MHC（主要組織相容複合體）一、二型之不同免疫訊號

人類的 MHC（major histocompatibility complex）蛋白，可以分為第一型 MHC 和第二型 MHC，前者位於所有有核的細胞上，後者則只分布在「抗原呈現細胞」（APC）上，例如巨噬細胞、B 細胞、樹突細胞等。被病菌感染的細胞內的第一型 MHC 能將胞內「抗原」呈遞給「毒殺型」T 細胞，讓「細胞媒介免疫反應」（cell-mediated immune response）能正常運作。而第二型 MHC 則使得「抗原呈現細胞」，能將胞內抗原呈遞給「輔助型」T 細胞。

這樣的機轉使得第一型 MHC 和第二型 MHC 這兩類 MHC 的抗原呈遞，代表不同的訊息：第一型 MHC 傳遞的是「我被感染了」的訊號，讓免疫系統能「直接」摧毀被感染的細胞。而第二型 MHC 傳遞的是「我遭遇到敵人了」的訊號，讓免疫系統能整個「活化」來摧毀外來物。

從族群遺傳學的角度來看，MHC 是已知型態最多樣化的蛋白質。幾乎每個人的 MHC 基因，都是異型組合（heterozygous），

除非是同卵雙胞胎，幾乎不可能找到具有完全相同 MHC 基因的兩個人。這樣的「多態性」（polymorphism），可以確保無論遇到怎樣的疾病，總會有一部分的個體對病原進行有效的免疫反應，因而能確保族群的延續。

二、HLA 就是編碼 MHC 的基因

人類白血球抗原（human leukocyte antigen, HLA）是編碼人類「主要組織相容複合體」（MHC）的基因。HLA 位於 6 號染色體短臂上的 21.31 位置（6p21.31），由 360 萬個鹼基對組成，是目前已知的人類染色體中，基因密度最高，也是「多態性」最為豐富的區域。

HLA 包括一系列緊密連鎖的基因座，與人類的免疫系統功能有著相當密切相關。其中部分基因編碼細胞表面抗原，成為每個人的細胞不可能混淆的「特徵」，是免疫系統區分自身和異體物質的基礎。HLA 基因高度多樣化，存在許多不同等位基因（或稱對偶基因），從而細緻「調控」著後天適應性免疫系統。

HLA-I 分子（即前述的第一型 MHC）廣泛分布於體內有核細胞表面，以淋巴球表面密度最大。與 HLA-I 分子相比，HLA-II 分子的表現較為侷限，正常情況下主要表現在「專職」抗原呈現細胞（APC）表面。

人體具有強大的免疫功能，透過「免疫監視」可以發現並且殺死癌細胞。人體抗腫瘤的免疫效應是多途徑的，一般認為「細胞」免疫比「體液」免疫，在抗癌效應中發揮著更重要的

作用。抗癌的「效應型細胞」，以 HLA-I 抗原限制的 CD8+ 細胞毒殺型 T 細胞（cytotoxic T lymphocyte, CTL）和 HLA-II 抗原限制的 CD4+ 輔助型 T 細胞（helper T lymphocyte, Th）為主。CD8+CTL 活化後，透過分泌細胞激素發揮毒殺、抗癌作用；CD4+T 細胞活化後，可產生大量細胞激素，增強 CTL 和自然殺手細胞（NK cell）的功能，並可激活樹突細胞、巨噬細胞參與抗癌作用。

三、HLA 在移植醫學上的意義

　　人類白血球組織抗原分型（HLA-typing）（又稱為組織分型鑑定）在「骨髓移植」（造血幹細胞）捐者之選擇，極為重要，即使對於血小板輸血，也須在 HLA-A,B,C 型相近者的血小板輸注，才能提供良好的輸血反應。這在本書第 5 篇已作不少說明。

　　「主要組織相容性複合體」（MHC）是移植物引起急性排斥的原因，也就是移植是否成功，與捐者（donor）和受者（recipient）是合有相近的 MHC，有相當大的關聯。此外，MHC 在一及二型的基因座是高度多樣性，這種多樣性影響抗原胜肽「結合」的種類及能力。

　　另這種多樣性有利於群體的存活，但在器官移植上，卻產生重大的障礙。相同的 MHC，個體之間的器官移植成功率就會增加。但是在人群中，MHC 類型相同的人，非常的稀少。

　　人體的器官或組織的功能是有使用期限，藉由移植來取代受損或老化無功能的器官或組織，可使得壽命延續，這一直是

醫學研究的方向。在移植醫學上，移植成功的關鍵因素，包括
感染的控制、移植物的組織配對，及免疫抑制劑的使用。

　　醫學在進行移植手術時，人類白血球抗原會決定組織相容
性，捐者和接受者的人類白血球抗原越相似，排斥反應就越
小。只有同卵雙胞胎或者人工複製的人類白血球抗原，會是完
全一樣的。

四、MHC 在醫學上的更多神奇功能

　　特定形式的 HLA 蛋白，已經被證實和特定疾病有高度相
關，或者是確定會誘導該疾病發生。台灣有些病人常因服用抗
癲癇藥物（Carbamazepine, CBZ）發生史帝文生-強生症候群
（SJS），是一種非常嚴重的藥物過敏反應，病人皮膚會產生
水泡，大量剝落，身體內的毒殺型 T 細胞及自然殺手細胞
（NK cell）亦會大量活化，攻擊自己的身體，具有高致死率，
主要是與負責免疫反應的人類白血球抗原 HLA-B*1502 有強烈
關聯。有 HLA-B*1502 基因型的病人服用 CBZ 後，產生嚴重
藥物過敏的風險殖，是一般人的 1,357 倍以上，因此
HLA-B*1502 的病人應避免服用。

　　最近的研究也發現，國人服用降尿酸藥（安樂普利諾
allopurinol）引發之藥物過敏反應，和 HLA-B*5801 有明顯關聯
（風險值是其他基因型的 394 倍）。類似的藥物過敏基因研
究，在國外也有很多，最有名的是服用治愛滋病用藥「阿巴卡
維」（abacavir）引發之藥物過敏反應，發現與 HLA-B*5701 有
很強的關聯性。

　　另僵直性脊椎炎及類風濕性關節炎也被發現分別與 HLA-B27 及 HLA-DR4 有高度關聯。

　　最新利用次世代基因定序及 AI 技術，進行癌組織突變檢測而設計出癌症治療疫苗，可經由 HLA typing 及演算法之預測找到與第一及第二型 MHC 具高度結合能力的新生抗原（neoantigen），進而分別促使毒殺型及輔助型 T 細胞數量大增，這是最神奇而精準沒副作用的免疫療法。

13

發炎與過敏都與
免疫反應有關

一、發炎反應與免疫反應的相關性

　　發炎，就是一種人體組織受到傷害所引起的反應，從外觀上可看到紅、腫、熱、痛。然而發炎是一個複雜的過程，沒有一個指標或發炎指數，可以代表整個發炎過程。在面對各種不同的外界刺激時，發炎反應可以是急性或慢性的反應，而且每個疾病的發炎過程，也不盡相同。

　　發炎反應更是人體免疫系統為移除有害刺激或病原體，並促進修復所進行的保護措施，是人體的自動防禦反應。在一連串的生化反應中，涉及局部的血管系統、免疫系統及受損組織內的各個細胞。但是發炎反應並非等同「感染」，發炎有時不是因感染病原體而發生。引起發炎的原因也包括如燒燙凍傷、人體代謝所產生如尿酸之化學刺激，及如物理性如結石的刮傷等。

　　發炎狀態，最常用的指標是人體白血球異常增多。人體正常數值是血液中每立方毫米五千到一萬個白血球，高於一萬個即代表可能有發炎或感染，低於五千個則可能是藥物副作用或營養不良。

　　許多血液中的成分，有些發炎物質參與了免疫反應，除了白血球外，使用最廣的指標有兩種，分別是 C 反應蛋白（C-reactive protein, 簡稱 CPR）及紅血球沉降速率（erythrocyte sedimentation rate, 簡稱 ESR）。一般而言，測量這兩個發炎指數，可以用來評估發炎的嚴重程度及病情的進展。

二、C 反應蛋白與 ESR 均用於評估發炎反應

　　C 反應蛋白是人體肝臟細胞所產生的血漿蛋白，可以活化補體（調理作用）以及許多免疫細胞。在遭遇細菌感染造成急性發炎、組織損傷時，C 反應蛋白可以迅速地上升，在兩至三天內達到高峰。假如發炎反應已改善，C 反應蛋白可迅速地下降，所以是監視「急性」感染程度很好的指標（尤其是細菌）。如果發炎反應一直持續，那麼血液中的 C 反應蛋白，則會持續地高於正常值（正常值是小於 1mg/dl）。通常若發生慢性發炎及免疫有關疾病，C 反應蛋白會升高（1～5mg/dl）。若是超過 5mg/dl，是急性發炎，要注意是否有細菌的感染。

　　紅血球沉降速率（ESR，男性正常值小於 15mm/hour，女性正常值小於 20mm/hour，但上限可達年齡的一半，即年長者容許高些）是一種間接測量發炎性蛋白的方法，特別是血液中的纖維蛋白原（fibrinogen）成分。這些發炎性的蛋白質，會使紅血球易於黏連而成團，沉降速率也就加快。另如免疫球蛋白產生過多，也會「降低」紅血球彼此之間的排斥力，使紅血球的沉降速度加快。另外，紅血球的形狀及數目，也會有影響。

故在用紅血球沉降速率來判斷病患的發炎程度時，仍需要廣泛性的評估。

C 反應蛋白及紅血球沉降速率，兩者都會隨著年齡，而輕微升高。相對於 C 反應性蛋白，紅血球沉降速率比較可以代表整個的狀況，但是其對於發炎刺激的反應較慢，且需要新鮮的檢體（因沉降是短暫現象）。相對地，C 反應性蛋白則對於發炎的反應比較快速，而且比較不受性別及年齡的影響，可以使用冰存的檢體檢驗來重複檢驗，其數值較一致性。

三、過敏在免疫上之相關意涵

在免疫學廣泛的分類上，過敏反應可分為四型：第一型為即發性過敏反應（immediate hypersensitivity），也叫做 IgE 介導型過敏反應，第二型為抗體依賴和細胞毒殺型過敏反應（antibody-dependent cytotoxic hypersensitivity），第三型為免疫複合體媒介過敏反應（immune complex-mediated hypersensitivity），第四型為遲發性過敏反應（delayed-type hypersensitivity）。

「過敏」可說是人體接觸環境中的過敏原後，所引發的某些過度反應的現象，包含過敏性鼻炎、食物過敏、蕁麻疹、異位性皮膚炎、哮喘與全身型過敏性反應等。過敏現象乃是人體內免疫系統，將一些原本是無害的物質，誤判為對人體有潛在性的威脅，而產生不正確的過度反應。能導致過敏反應的物質，通通稱為過敏原（allergens），常見的過敏原，包括了花粉、塵埃、食物、黴菌、動物皮屑、蟲類、毒素、小分子工業化學品及其衍生物等。

　　輕度的過敏症狀，包括局部皮膚出疹、蕁麻疹、鼻塞，或者鼻水流不止、眼睛搔癢難耐等病徵。中度的過敏症狀，則包括呼吸困難及全身性的搔癢出疹現象，而當過敏物質造成系統性嚴重過敏反應時，病患會出現呼吸及吞嚥困難、嘔吐、血壓下降、休克等現象，並極有可能威脅到病患的生命安全。

四、過敏反應在體內免疫系統之機轉

　　當對花粉過敏的病患，第一次接觸到花粉時，體內的 B 細胞會製造並大量釋放對此花粉具有專一性的 IgE，這些 IgE 可緊密地附著位於鼻腔、上呼吸道黏膜，以及消化道等器官的「肥大細胞」（mast cells）的表面上，導致了肥大細胞的過敏反應。當病患再次接觸到同一種類的花粉時，已經附著在肥大細胞表面的 IgE，會被花粉交互連結，而誘發了肥大細胞活化，並釋放出細胞內所含的過敏物質（如組織胺）。這些物質可導致局部組織充血腫脹、血管通透性增加、呼吸平滑肌痙攣，以及眼鼻部搔癢難耐等症狀。

　　基本上，大部分的過敏現象，都來自人體內的 IgE。正常人血清中 IgE 含量很少，但在「過敏體質」的人血清中，含量很高。在人體較原始的環境裡，因為有許多寄生蟲等感染物，而 IgE 之所以存在的主要作用，就在於主攻這些病原體。當感染發生時，IgE 會開始大量的出勤，逮到這些外來入侵物，並且和體內肥大細胞上的受體結合。

　　肥大細胞是人體產生過敏反應的主要角色，多存在於皮膚層。當 IgE 找到外來感染物的抗原，經由和肥大細胞的受體

（FcεR1）產生接觸後，肥大細胞就開始活化並開始產生組織
胺、肝素等，當肥大細胞將這些物質釋放出來時，身體會有發
炎現象。此外，嗜鹼性球和肥大細胞有性質相似的作用，也均
有 FcεR1 受體，只不過前者是在血液內流動，後者主要在組織
內流動。

五、過敏反應之檢測

　　食物、花粉、蚊蟲叮咬和藥物，常造成嚴重的過敏反應。
症狀的發展，同時取決於遺傳和環境。過敏的確診，通常依據
病患的症狀可進行判斷，特定病例必須進行皮膚或血液檢驗，
做進一步判定。

　　過敏是一項人體對外界物質的「過度反應」現象，跟抵抗
力低下並無關連。多數過敏反應，都是人體對無害物質所產生
的排斥現象，會依照個體的不同，而對於不同物質產生過敏，
因此並非所有過敏患者，都對同項物質產生過敏現象，所以才
會透過過敏原檢測的方式，來檢視各個過敏患者的過敏物質。

　　過敏原的檢測方式，早期是將過敏原以皮膚貼片的方式接
觸人體，觀察一小時內和 48 小時後皮膚反應，也就是看病患
有沒有第一型和第四型的過敏反應。但此種方式早已改為抽血
做過敏原（免疫球蛋白 E，IgE）濃度的檢測。兩者的差異在
於，早期的方法是直接觀察人體對過敏原的反應，而測血中
IgE 的目的，在檢測病人過敏反應是否屬於第一型。如果血中
IgE 濃度升高，則可進一步檢驗，不同過敏原的血中 IgE 濃
度，例如，對付塵蟎的 IgE、蝦子的 IgE、蛋白的 IgE、貓毛的

IgE 等。測血中的 IgE 濃度的優點，就是對病患非常安全，缺點是只能「間接」推測病患是否對某些食物或環境物質過敏。很多病患的過敏反應，不一定找得到過敏原。就算測到輕度的過敏原 IgE 濃度升高，也很難「倒果為因」；醫師還是要根據病史詢問和身體檢查，才能下定論。

六、醫治過敏所使用的藥物

過敏應該是如何治療與預防呢？導致過敏的成因，可以簡單歸納為遺傳因素與環境因素兩大方向。環境因素還是造成某些疾病的主要原因。臨床上，醫師可投以抗組織胺、去充血之藥物，或是施以減敏療法，來舒緩病患的過敏症狀。最近研發成功的抗 IgE 單株抗體，在過敏性氣喘病患，獲至極佳的治療效果。

2020 年 4 月台灣合一生技和來自丹麥的全球皮膚醫藥大廠利奧製藥（LEO Pharma）宣布，以簽約金和里程金合計 5.3 億美元的規模，共同簽署全球獨家授權協議，推動異位性皮膚炎・過敏性氣喘新藥 FB825 的研發和商業化。儘管 FB825 接下來才要進入二期臨床試驗確認療效，但授權金已刷新台灣新藥授權金的最高紀錄。FB825 是利用控制源頭來減少產生 IgE 的產生，以抑制過敏。其獨特之處，即在於 FB825 瞄準的是 IgE 的 B 細胞，在類固醇、抗組織胺等藥物都難以根治異位性皮膚炎之際，開創了治療新機。

本書第 27 篇將再深入論述相關的自體免疫疾病。

14

腸道與免疫系統的
關聯性

一、腸道是免疫系統不可或缺的部分

　　腸道和其他器官不同，其與大腦和自律神經密切連結，就像大腦一樣，可以分泌各種激素及產生神經傳導物質，所以被稱為人體的「第二大腦」。人體內腸道中約有 35,000 種菌種，與人體共生的腸內菌叢，可以發揮代謝作用，更有協助抵抗病原侵入及免疫調節的功能。而且，人體約有 70% 的免疫細胞是在腸道內。

　　人體消化道從口腔、食道、胃、小腸、大腸道肛門總長度約 5 公尺，消化道黏膜的表面積近 300 平方公尺，和網球場的面積相當，遠遠超過皮膚表面積。因為接觸面積很大，所以腸道在抵抗病原入侵，以及調節免疫功能中，具有相當關鍵的角色。如果把免疫系統比喻成人體的軍隊，那遍布於腸道的免疫細胞，就像是訓練、養成軍隊的重要基地。

　　人體免疫系統中的一個重要部分位於腸道，即與腸道有關的淋巴組織，它與來自「食物」中的抗原和腸道內正常存在的「微生物」抗原接觸。腸道的免疫細胞分布於腸道黏膜和上皮細胞之間。與全身循環的免疫細胞相比，腸道的免疫細胞更易

受所攝入營養的影響，因為它們與高濃度的食物成分接觸。腸道透過分泌抗體，來抑制致病性病原體，並防止消化道內有害抗原進入血液。同時，腸道具有避免與附著黏膜表面的無害物質，發生過度免疫反應的機制。但仍有些人的免疫系統，對食物成分會發生過度的免疫反應，此即為食物過敏。

二、腸道共生菌與免疫細胞之連動性

　　人體的皮膚與內部黏膜，是與外界接觸的主要介面，表面聚集了許多與人體共生的細菌，稱為「共生菌」。這些共生菌存在於皮膚、呼吸道及腸胃道，而與人類形成一個非常獨特的生態系統。人體腸胃道內，即存在著數以兆計的共生菌。它具有調節腸道代謝與免疫的功能，因而和人體健康與疾病息息相關。若缺乏腸道共生菌，會造成腸道免疫系統發育不良，且腸道黏膜的發育與完整性也會受損。

　　腸道「共生菌」與造成腸道感染的「病原菌」，兩者具有類似的組成。腸道的免疫系統只會對腸道的病原菌有免疫反應，不會對腸道共生菌產生免疫反應。腸道共生菌會被「侷限」在腸腔中，但是病原菌則會破壞黏膜並侵犯到黏膜下層，進而在該處誘發免疫反應。腸道共生菌叢種類相當多，不同種類的共生菌，對免疫系統的影響也不相同。

　　在腸道中除了先天免疫細胞外，也存在著具抗原專一性的後天免疫細胞，包括了促進免疫反應的「輔助型」T細胞，與抑制免疫反應的「調節型」T細胞。前者與在腸道對抗病原菌感染有關，後者則會維持腸胃道免疫系統的恆定，避免過度發

炎反應。

　　有些特定的「病原菌」會促進輔助型 T 細胞的產生，但有些「共生菌」則與調節型 T 細胞的產生有關。因此，若是某些因素改變腸道共生菌叢的組成，進而造成生態的改變，會導致腸道免疫系統失調而造成疾病。這也是形成發炎性大腸炎的常見病因之一。

　　共生菌對免疫系統的作用，雖然主要在腸道內，但是也會影響到腸道以外的免疫系統，而造成氣喘與自體免疫疾病。此外，腸道共生菌也會影響到其他部位對抗感染的免疫反應，如肺部對於病毒的免疫反應即是。

三、腸道上皮細胞免疫功能如何運作

　　免疫系統如何在健康生理情況下，維持腸道內的平衡？如何容忍腸內病原菌的存在，而在腸道感染的時候，又能夠擊退來犯的入侵者？

　　樹突細胞會直接對腸內共生菌及其所產生的代謝物「抗原」及食物成分，進行腸內「採樣」而獲得抗原成分。調節型 T 細胞在「腸繫膜淋巴結」（mesenteric lymph nodes）中，當辨認樹突細胞所「呈現」的腸道抗原並且活化後，會分泌具有免疫調節功能的介白素 10（IL-10），以避免針對這些外來而「無害」的腸道抗原，產生過度的發炎反應。若失去此種恆定的腸道免疫系統，例如調節型 T 細胞功能失調，將會導致腸道發炎的疾病。

　　當腸道感染，或是腸道上皮細胞失去完整性，而導致腸內

病原體入侵，此時上皮細胞產生的發炎介質和細胞激素，會暫時阻斷了「免疫恆定」，吸引其他免疫細胞到此聚集。噬中性球（neutrophils）當受到病原成分誘發，會釋放細胞核內核糖核酸，而產生「胞外網狀陷阱」（neutrophil extracellular trap, NET）（因所釋放的 DNA 會捕捉病菌，使其類似細胞凋亡，因而也稱釋網凋亡）；這是在遇到特殊刺激時所進行的一種細胞凋亡機制，可減低發炎區域的物質流動，將病原體「困在」原地。

輔助型 T 細胞進一步分泌細胞激素，來活化鄰近的免疫細胞以促進發炎反應，來清除入侵的病原體。當狀況解除之後，組織開始修復，腸道上皮細胞也恢復原本的完整性。

四、保持腸道健康可行之道

健康、穩定的腸內菌叢，可以防止病原體在腸道內繁殖，而伺機侵入體內。腸道黏膜能分泌黏液、免疫球蛋白，抑制病原體生長。與腸道相關的淋巴組織中，含有巨噬細胞、樹突細胞、T 細胞、B 細胞等諸多免疫細胞。從嬰幼兒時期開始，腸內菌叢便會影響到免疫組織的發展，並持續調節免疫系統。因此，腸內菌叢是一個相當活耀、持續變動的生態，需要好好去維護。營養「均衡」對腸內菌叢很重要，不同菌種會有不同的營養需求，當飲食不均衡時，腸內菌叢也將漸漸失衡。

腸道裡面有多達上千種的細菌，可分為「好菌」和「壞菌」兩大類，當環境不佳、沒有足夠的好菌進駐，腸道壞菌便會滋生許多病原體，成為疾病根源。也就是說，當腸內菌叢平

衡被破壞,腸道屏障出現破口,細菌、病毒等病原體較容易侵入人體,增加感染的風險。若腸內菌叢不佳而產生免疫調節失靈,則會引發包括過敏、氣喘、皮膚炎,乃至於自體免疫疾病。

長期濫用抗生素將破壞腸內菌叢平衡,而衍生出各種併發症,所以抗生素的使用,務必依照醫師指示,該用就用、該停就停。部分胃藥能抑制胃酸分泌,有效改善胃炎、胃潰瘍,然而隨著胃酸分泌減少,可能使其他細菌較容易進入腸胃道,干擾原本的腸內菌叢,故勿自行長期服用。其他還有一些藥物,如化學治療、免疫抑制劑,也可能影響腸內菌叢。

改善腸道菌叢生態,可以透過以下兩個方式。

(一)攝取益生菌(好菌)

有益人體腸道健康的活菌,可改善腸內微生態平衡、預防腸道疾病。

(二)攝取益生質

益生質(又稱益生元)是能夠被人體腸胃的益生菌利用,而產生有機酸,可刺激腸道蠕動,讓腸道保持酸性狀態,使喜愛鹼性環境的壞菌,不易生存繁殖。因而其可促進益生菌的生長,抑制壞菌數量,提升腸道好菌數目,維護腸道健康。常見的益生質包含一些不易為人體消化的碳水化合物,例如膳食纖維、木寡糖、果寡糖以及益生菌的發酵產物等成分。

五、益生質的適當補充不可忽視

不管是感冒也好,還是引起全球恐慌的新型冠狀病毒,只

要本身自己內在防護做好、免疫力強,就不怕病毒入侵。但提升免疫力的關鍵,其實在於體內的腸道。提升腸道的健康,原則上,應增加膳食纖維攝取以增加腸胃蠕動,刺激消化液分泌。更要多攝取益生質,幫助益生菌生長,有助於抑制腸道中的壞菌。

富含益生質的以下四大類食物應多攝取,以養好菌:

(一)全穀根莖類。燕麥、糙米、南瓜、馬鈴薯、地瓜等全穀根莖類食物,含有豐富的膳食纖維等益生質。適度攝取有利促進腸道蠕動、增加糞便體積,加速人體消化吸收的進行,進而減少食物囤積在腸道內的時間。

(二)豆類。黃豆、大豆等豆類食物含有水溶性膳食纖維,適度食用有助於提供好菌足夠的養分。

(三)蔬菜類。花椰菜等十字花科蔬菜,含有豐富的非水溶性膳食纖維,不但能提供好菌足夠的養分,更有清除腸道內廢物的作用。洋蔥、牛蒡、蘆筍等食物裡含有寡糖,也都是獲取益生質相當不錯的食材。

(四)水果類。蘋果、奇異果、香蕉中就含有大量的水溶性膳食纖維等益生質,若配合含有豐富益生菌的無糖優酪乳、無糖優格同時食用,對維持腸道菌叢生態健康,更是好處多多。

15

如何提升自我
免疫力

一、顧好營養均衡為首要

　　在新冠病毒疫情嚴峻時，大家都想要提高身體自我防衛能力。許多健康食品宣稱有增強免疫力功效，然而這些說法模糊，又無法用科學方法驗證有效性。其實，身體內的免疫力是一個完整的系統架構，需要的是「平衡與協調」。

　　均衡營養是維持正常免疫功能的重要條件，當人類某些營養素缺乏，即便生理功能及生化指標尚屬正常，免疫功能可能會表現出各種異常變化，如胸腺、脾臟等淋巴器官的組織結構，及免疫細胞的活性、數量、分布、功能等都會發生變化。

　　其實一般人是營養過剩，但若從一些微量營養素的角度來看，很多民眾並沒有攝取到足夠的維生素或礦物質。不少動物研究發現，不管是缺乏鋅、鐵、銅、葉酸、維生素 A、維生素 B、維生素 C 等，都可能會改變動物的免疫反應。

二、多運動、少壓力更是提升免疫力良方

　　現代人常因為壓力、長期作息不正常、過度勞累、睡眠不

足、運動量太少,加上飲食攝取不當,造成免疫力失衡;隨著年齡增長,免疫力也會隨之衰退。新冠肺炎疫情席捲全球,讓我們發現,原來人類如此脆弱,對於外界的多變因子,自身防護必須從平日做起,尤其換季或流感季節,抵抗力較低的年長者,更需特別注意。多運動能改善體內的荷爾蒙分泌,同時也讓人睡得更好。但要適度且規律運動,才能增進免疫力,過度運動反而會帶來反效果。

壓力這件事,是很難量化的,每個人對同樣事情的反應也不同。當走在冰天雪地中,甲可能為了美景而心動,心情超好,但乙可能覺得太冷而壓力很大,心情很差。另外,會影響身體狀況的,常常是慢性的壓力來源,像是與家人、伴侶、朋友、或同事之間的關係不良,就容易長期影響免疫狀況。所以要理解到這些壓力帶來的身體傷害,自我試著靠改變行為及各種方式,走出這些慢性壓力。

三、老年人更要注意確保免疫力

除了運動、飲食,年紀更會影響到我們的免疫力。年紀越大,胸腺會萎縮,骨髓功能變得較沒效率,免疫系統的整體能力逐步變差;越來越容易感染到外來病菌,甚至較容易發展出癌細胞。年長者的健康生活的準則,包括:飲食中含有大量蔬果、規律運動、足夠睡眠、生活上減少壓力,而且該打的疫苗記得打。務必記得接種流感疫苗和肺炎鏈球菌疫苗,疫苗能降低感染許多病症的機率。

人體的骨頭可以分成長骨及扁平骨。長骨如四肢的長骨

頭，扁平骨如頭蓋骨、胸骨及圍繞骨盆腔的周圍的骨頭。在許多骨頭的中間中空地方，就叫做骨髓，是人體生產各種血球的工廠。當年紀漸老，血液中白血球會逐漸減少，免疫力必然會下降，身體就容易受感染。

年長者免疫力較低，可以下列案例作說明。80 歲的阿嬤糖尿病已經 10 多年了，近幾年因失智、腦退化，生活無法自理，但家屬照顧得很好，身體狀況不錯，血糖也控制良好。不過，家屬近期發現，每天在家量測指尖血糖時，數值越來越高，但阿嬤沒有特別不舒服。但某天發現，肝指數高到正常值的 5 倍，白血球 17,900（正常人 10,000mm^3（立方毫米）以下），立刻住院。經過檢查，發現有一個很大的膽結石，卡住膽管跟胰管，造成急性膽囊炎跟胰臟炎。醫生在把化膿的膽汁引流出來，加上抗生素治療，才救回一命。阿嬤只是血糖值飆高，怎麼會這麼嚴重？身體怎麼沒有發燒？一般而言，發燒是免疫系統對抗外來攻擊的反應。但糖尿病時間一久，免疫力會變差，面對外來攻擊，有可能完全不會發燒。所以不能用有沒有發燒判斷疾病嚴重性，加上已經腦退化，沒有辦法對自身病痛做完整表達，這類的病人對於疼痛的反應也變差。

四、醫療上化療後必然免疫力須提升

免疫系統裡有多種不同功能的免疫細胞，我們該增強哪一種細胞，增強到數目多少？增加了免疫細胞的數目，就等於增強免疫的能力了嗎？這只有在醫療上一些情況，才較有明確答案。

　　一般化學治療藥物在毒殺細胞時並沒有選擇性，只要是增殖、分裂較頻繁的細胞都會受傷害，在殺死癌細胞同時，也會傷害骨髓的造血幹細胞。但是在很多時候，化學治療的強度必須達到一定的程度以上，才能控制癌症，白血球過低也成了必須經歷的風險。因此，如何讓白血球不要降太低，或者降低後持續的時間不要太長，就成了努力降低化學治療副作用的一個重要目標。

　　正常的骨髓在產生白血球時，是從造血幹細胞一路往下分化並進行細胞分裂增值，從不成熟的前驅細胞，再到成熟的淋巴球、單核球、顆粒球。化學治療通常會傷害正在分裂的白血球前驅細胞，讓它們停止生產，不能再補充成熟的白血球；因為上游沒有繼續補充，後繼無力，白血球就逐漸降低。

　　這就好像戰場上打仗折損部隊士兵，要靠後方持續補充新兵，如果新兵訓練中心及補給線被中斷（好像化學治療），戰場上的士兵就逐漸減少，一直要等到重新開始訓練士兵，恢復補給線，戰場上的士兵數目才會逐漸回升。所以化學治療過後，白血球是逐漸降低，而不是立刻降低。化學治療結束，也要等一段時間，讓白血球重新生產、成熟，白血球數目才會恢復。

　　白血球過低是化學治療中最危險的副作用，當白血球太低時，對感染的抵抗力會變弱，容易得到感染。感染、發燒以後，就只好靠抗生素來殺死細菌，控制感染。但是要完全控制感染、穩定病情，往往還是要靠白血球數上升恢復時，才有辦法。

　　白血球過低過會導致身體所有部位都可能被微生物入侵，

包括口腔、皮膚、肺、泌尿道、腸胃道及生殖系統。所以這些入侵的細菌往往本來就在身體裡面，只是因為有足夠的白血球來防止它們入侵。所以我們防止感染的主要方法，是避免白血球過低，如果持續白血球過低時，細菌感染通常很難避免。要提高白血球數量，本文前面所提的一些基本作法均是可行之原則。

Part

3

免疫細胞

治療的

深入了解

16

自然殺手細胞的
免疫治療威力何在

一、NK 細胞是先天免疫功能的主要免疫細胞

　　NK 細胞是人體免疫細胞的一種，被稱為「自然殺手細胞」（natural killer cell），屬於免疫系統的先鋒部隊。它不需要接受免疫系統的特殊指令，也不需要其他細胞的配合，自己就能「識別」並「清除」腫瘤或病毒感染的細胞。

　　NK 細胞與其他免疫細胞之最主要不同之處，在於其不需先經過一段時間的免疫「刺激」，即可針對病原、癌細胞，進行「非專一性」的攻擊。它用來區分「自我」和「非我」的重要依據，就是 MHC（主要組織相容性複合體，major histocompatibility complex，簡稱 MHC）。NK 細胞只認得 MHC 標記，有 MHC 就是自己人，沒有這標記的，就是敵人，必須加以消滅。因此，人體正常的細胞會表現 MHC 分子而免於受到 NK 細胞的攻擊。

　　NK 細胞療法簡單的說，是利用細胞培養技術，在體外（ex vivo）大量擴增病患本身可以對抗癌細胞的 NK 細胞後，再將之注入人體內，提高病患本身抗癌能力的一種醫療技術。

　　受到年齡、壓力、不良生活習慣及其他環境因素等之影

響，NK 細胞之數量及活性，常隨著年齡而逐漸變差，直接或間接促成癌症之發生或惡化。臨床上也常觀察到，癌症病患之 NK 細胞數量不足或活性下降之現象。自 1970 年代 NK 細胞被發現以來，免疫學家就認為如果能夠體外大量擴增 NK 細胞之數量，並將其回輸病患身上，應可以達到抗癌、治癌及調節整體免疫系統之效果，這也就是 NK 細胞療法的理論基礎。

在淋巴球中，NK 細胞是一種不同於 T、B 細胞的「大顆粒」細胞，其細胞表面分子具有 CD3-/CD56+ 的特徵，約佔人體所有淋巴球 10%～15%。NK 細胞主要源自於人類骨髓內的造血幹細胞，造血幹細胞會先分化成骨髓前驅細胞（myeloid progenitor cells）及淋巴前驅細胞（lymphoid progenitor cells），而淋巴前驅細胞可進一步分化為 NK、T 及 B 細胞。

NK 細胞其特徵與 T 細胞淋巴球（辨認標記為 CD3 分子）及 B 細胞淋巴球（辨認標記為 CD19 分子，特徵為會製造抗體）不同，NK 細胞主要的表面分子標記為 CD56。另外，NK 細胞於活化狀態時，也會表現 CD16 分子標記。

二、NK 細胞被發現之歷史源由

NK 細胞是大約於 1973 年至 1974 年間，由美國兩個不同的研究機構，分別觀察到相同的現象後，進而確認出 NK 細胞之存在。在此之前，一般人所知道的免疫細胞，只有 T 細胞及 B 細胞之淋巴球以及巨噬細胞。早期一般認為，免疫細胞之所以會攻擊並殺死癌細胞，乃先透過對癌細胞情況的掌控（學習及記憶），再發動攻擊。

為了澄清這點，研究人員進行了以下的實驗：（一）先從
A 癌症患者取得 20cc 的血液放入培養皿中，再放入 A 癌細胞
予以培養，結果培養皿中的免疫細胞，將 A 癌細胞殺死。
（二）從 A 癌症患者抽取 20cc 血液，並加入 B 癌細胞培養，
雖然免疫細胞對種類不同的癌細胞，不具任何已知的情報，應
該無法攻擊，但結果卻與第一個實驗相同，可將癌細胞殺死。
（三）再以同樣的實驗方式，從健康人體內抽取 20cc 血液，
再與癌細胞共同培養，同樣也發現免疫細胞可將癌細胞殺死。

上述結果，與認為免疫細胞攻擊並殺死癌細胞之前必先透
過對癌細胞「學習及記憶」後再發動攻擊之概念，並不符。故
認為，此一現象乃因為有一「非 T 非 B 細胞」存在之故。這
種抗癌細胞即使事先不具有癌細胞的情報，一旦遇到癌細胞，
也能及時辨認出這些癌細胞為異物，並加以攻擊。經過五年
後，進一步的研究發現，這些會殺死癌細胞的免疫細胞，被證
實並非當時所熟知的 T、B 細胞或是巨噬細胞。科學家遂分別
以「非 T 非 B 細胞」或「自然殺手細胞」稱之。

最後，在 1986 年於夏威夷舉辦的國際免疫學會議中，此
種不需透過傳統抗原辨識步驟，即可攻擊異物的細胞，正式被
命名為「自然殺手細胞」，簡稱為 NK 細胞。

三、NK 細胞活化之基本機制

NK 細胞通常處於休眠狀態，一旦被活化，會滲透到組織
中，分泌穿孔素（perforin）及腫瘤壞死因子（TNF）等物
質，攻擊腫瘤細胞和病毒感染細胞；NK 細胞表面也有免疫球

蛋白 G（IgG）的受體，可配合免疫球蛋白（抗體），能有效率地殺死目標細胞（即 ADCC 作用）。

NK 細胞可表現多種受體，當受體與目標細胞結合時，可調節 NK 細胞的活性；依功能其可粗略分為兩類，即「抑制性受體」（inhibitory receptor）和「活化型受體」（activating receptor）。當 NK 細胞與正常細胞接觸，正常細胞表面的第一型 MHC 分子與 NK 細胞抑制型受體結合，傳遞了「抑制」NK 細胞活性的訊息，NK 細胞就不會被活化，以免殺死正常細胞。

但若正常細胞被病毒感染或為癌細胞時，第一型 MHC 分子會發生異常表現，因此當 NK 細胞接觸不正常細胞時，便無法獲得抑制性受體的訊息，且 NK 細胞活化型受體會傳遞活化訊息，於是 NK 細胞便被激活而進行毒殺作用。

因此，當只有「活化」訊息存在，且「抑制」的訊息異常或不存在時，NK 細胞才會進行毒殺作用。在分辨出敵人後，活化的 NK 細胞可釋出穿孔素、顆粒酶（granzymes）。穿孔素在目標細胞膜形成孔洞，使顆粒酶進入細胞後，啟動了細胞凋亡。

圖 16-1 簡圖說明了 NK 活化機制。

四、人體 ADCC 作用主要即由自然殺手細胞執行

NK 細胞表面上的「Fc（抗體恆定區）受體」，可以與覆蓋著「抗體」的腫瘤細胞相結合，產生「抗體依賴性細胞毒殺作用」（antibody-dependent cell-mediated cytotoxicity, ADCC）。

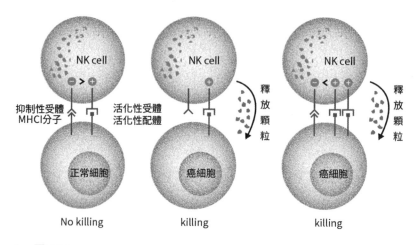

NK 細胞諸多活化性受體和抑制性受體的接合結果，反映釋放細胞毒素顆粒毒殺能力之強弱。NK 細胞如果與正常細胞表面的 MHC1 結合，就會抑制活性（最左圖）。癌細胞因抑制性配體少、活化性配體多而使抑制訊號減少，因而激活了 NK 細胞。

其概念是利用已經被病毒感染的細胞（目標細胞）或腫瘤細胞上所相對應的「抗體」，NK 細胞會直接去找到這些已被抗體「標記」的目標細胞，並透過其「Fc 受體」去結合抗體與目標細胞，再釋出穿孔素、顆粒酶等物質毒殺目標細胞，最終使受感染的細胞或腫瘤細胞死亡。

　　ADCC 是一種人體免疫防禦機制，在目標細胞表面「抗原」已結合了特異性的「抗體」的情況下，激活免疫系統的「效應型細胞」，來裂解目標細胞。因其對已存在的抗體的依賴性，故 ADCC 作用是後天適應性免疫反應的一部分，也是體液免疫反應的一部分。

　　ADCC 作用涉及抗體對 NK 細胞的激活。NK 細胞表面表現有 CD16 分子（或稱為 FcγRIII，即第三型 Fcγ 受體），是一種結合「抗體的 Fc 段」之受體，使 NK 細胞能識別並結合於抗體的 Fc 端，進而結合到病原體感染的目標細胞表面。一旦其 Fc 受體與 IgG 的 Fc 區域結合，自然殺手細胞就會釋放細胞激素（如 IFN-γ）和毒性顆粒（包括穿孔素和顆粒酶），進入目標細胞觸發細胞凋亡。

　　也就是說，NK 細胞會透過與「已結合在病毒感染細胞和癌細胞等細胞表面的 IgG 抗體」的 Fc 段結合，而毒殺這些細胞。IgG 抗體媒介了免疫細胞來發揮 ADCC 作用，其中 NK 細胞最能發揮 ADCC 作用。

　　圖 16-2 即簡要說明 NK 細胞的主要毒殺機制。

　　在 ADCC 作用的發生過程中，抗體只能與目標細胞（癌細胞）上的相應「抗原表位」（即抗原決定簇）作特異性結合；而 NK 細胞可毒殺「任何」已與抗體結合的目標細胞。抗體與目標細胞上的抗原結合是「特異性」的，而 NK 細胞對目標細胞的毒殺作用是「非特異性」的。

　　ADCC 作用主要即由自然殺手（NK）細胞介導，然巨噬細胞、嗜中性粒球和嗜酸性球也能介導 ADCC 作用。以嗜酸性球介導 ADCC 作用為例，有些寄生蟲的大小，已經超過吞噬作用所能吞噬的範圍，但在 IgE 定位了這些寄生蟲後，嗜酸性球的 Fc 受體（FcεRI）會識別這些 IgE，隨後發揮 ADCC 作用殺死寄生蟲。

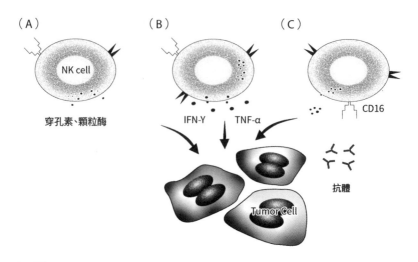

圖 16-2

NK 細胞主要透過三種（由左至右）機制毒殺癌細胞：（A）釋放含有
穿孔素和顆粒酶的毒性顆粒；（B）釋放細胞激素，如 IFN-γ、TNF-α，
與腫瘤細胞表面相應「受體」的相互作用，誘導癌細胞凋亡；（C）Fc
受體（CD16）與抗體 Fc 段的結合，發揮 ADCC 毒殺癌細胞。

五、NK 細胞與 T 細胞在免疫反應上的主要區別

　　NK 細胞可透過對人體細胞膜中的主要組織相容性複合體
（MHC），來判定是否為人體異物。如果異常細胞表面之
MHC 分子數量，較正常細胞少許多，NK 細胞便會對其發動
攻擊。由於一般正常的細胞表面，均會表現出相當多數量之
MHC 分子，供 T 細胞或其他免疫細胞分辨異己，故當癌細胞
將表面之 MHC 數量減少，將使 T 細胞「無從辨識」，而使
癌細胞可躲過 T 細胞之攻擊。T 細胞通常必須在癌細胞表面
上有正常數量的 MHC 分子時，才有辦法將其毒殺，而若癌細

胞已很少或無表現 MHC 分子，這會使得 T 細胞之毒殺效果
大打折扣。

　　相反地，NK 細胞擁有記住「以往」入侵者的記憶力，其
一直被分類為先天免疫系統的一部分。就人類演化而言，先天
免疫系統被視為最古老的人體基本防衛反應系統，它對每次遭
病毒感染，都會加以攻擊。也就是說，有些癌細胞想藉由第一
型 MHC 的隱藏，以逃避專一性免疫系統 T 細胞的辨認；但此
時，自然殺手細胞就可發揮作用，搜尋這些隱藏 MHC 的癌細
胞並加以摧毀。

　　NK 細胞儘管被歸為先天免疫系統，近年來科學上又發現
在人體淋巴球中，也存在所謂「NKT 細胞」。NKT 細胞和淋
巴球細胞中的 B 和 T 細胞一樣，擁有「免疫記憶」，能記住
捲土重來的入侵者。NKT 細胞利用此種免疫記憶特性，能辨
識和摧毀數年甚至數十年後的相同入侵者。

六、NK 和 T 細胞的互補性

　　人體主要組織相容性複合體（MHC）分第一型跟第二
型。人體正常有核細胞都會表現第一型主要組織相容性複合
體，人體免疫細胞（包括 NK 細胞）可藉此來辨識敵我。因
此，在辨識目標細胞是否為正常細胞或癌細胞上，T 細胞須透
過「辨認」體內細胞的第一型 MHC 後，T 細胞的毒殺能力才
會「啟動」。

　　相對的，當 NK 細胞找到不具有第一型 MHC 之癌細胞，
NK 細胞即會分泌穿孔素使目標細胞膜破洞並形成一管道，並

經由注入顆粒酶,使目標細胞內部發生溶解。有些癌細胞會藉由 MHC 的隱藏,以逃避專一性免疫系統 T 細胞的辨認,此時 NK 細胞就可上前補位,搜尋這些隱藏的癌細胞,並進行摧毀。因此,T 細胞跟 NK 細胞有相輔相成、互補之功能存在。

　　癌症病患接受免疫細胞治療,最常使用的免疫細胞,是 T 細胞與 NK 細胞。NK 細胞不像 T 細胞,在辨識腫瘤細胞時,受到主要組織相容性複合體(MHC)的限制,具備不需藉由其他免疫反應來活化或教育訓練才能認識外來抗原的特性,使其反應速度相當快速。

七、NK 細胞臨床使用範圍相當廣泛

　　NK 細胞主要分布於人體周邊血液系統,因此透過抽取血液並將 NK 細胞分離出來,再加入特定細胞激素(如 IL-2),經由 14 天左右的培養,便可使 NK 細胞大量增殖和活化。這些活化的 NK 細胞最後可經由一般靜脈注射打點滴方式,就能將這群優質的免疫細胞注射回人體,發揮毒殺癌細胞的作用,來抑制腫瘤組織增大或癌細胞擴散,甚至使其縮小或消失。

　　在實務上,NK 細胞數目可擴增至數億乃至數十億之多(會因設備、培養時間、患者細胞狀況等而有一定差異)。一個療程通常為 3 個月(一般將培養過的濃液回輸 6 次),具體需視患者病情而定。

　　NK 細胞若是來自於自身的自體免疫細胞,通常培養擴增再回輸人體,應不會有過敏和排斥反應。但是少數患者會在回輸後,出現微熱(熱度大約在 37.5°C 到 38°C 左右)。

　　目前的臨床使用上，NK 細胞治療常需要併用化療，以急性骨髓性白血病而言，八成病人在初次前導及鞏固性化療後，可以達到完全緩解，但有六成病人會復發，必須進行骨髓造血幹細胞移植。其中年長不適移植的，可以利用體外擴增 NK 細胞再回輸，以持續毒殺殘存的癌細胞，不使其坐大，以期能不再復發，甚至使用異體的自然殺手細胞。嚴格的說，NK 細胞治療很難完全根治如急性骨髓白血病之癌症，但是一般至少可以幫病患多爭取一點時間，來配對做異體造血幹細胞移植。

　　近年新冠肺炎疫情的新冠肺炎病毒，是屬於一種對免疫系統有干擾作用的病毒。臨床上可以觀察到，患有新冠肺炎患者的淋巴球細胞數會下降。NK 細胞已經被證實，對於這種會產生「免疫逃避」的病毒是有效的，但需要更多的臨床試驗證明。

　　目前許多臨床試驗常使用的異體 NK 細胞，來源有兩種：健康者捐獻的 NK 細胞，以及臍帶血來源的 NK 細胞，這些 NK 細胞均可在人體內，發揮毒殺病毒及癌細胞的免疫反應。

八、NK 細胞療法常面臨活性及數量不足之難題

　　癌症病患的 NK 細胞，常早已數量不足或活性下降，且癌細胞的發生常是需經一段時間的增殖至相當數量，才被檢驗出得到癌。但此時，體內 NK 細胞數量少且活性狀態已很差，是無法有效清除癌變細胞。除非體外事先儲存足夠自體 NK 細胞，否則症狀急速惡化後，只能使用異體 NK 細胞。

　　當人體免疫系統出現了功能缺失者，或者免疫細胞數量驟

減狀況，要將患者自體的免疫細胞體外大量複製時，會發生無法在患者體內找到功能健全的免疫細胞。這種狀況使得免疫細胞有缺陷的人，在利用自體免疫細胞療法時，無法達到最佳的成效。

為了避免這樣的狀況發生，在個人尚未罹患疾病且健康的狀態下，先儲存健康的免疫細胞，在未來需要時，再重新活化預先儲存免疫細胞，回輸至患者自體，讓患者的免疫系統可以再度回復到當初未遭受破壞的狀態，並刺激缺損的免疫系統，回到正常狀態。

九、NK 細胞療法上劑量與頻次為治療關鍵

曾有研究報告，顯示 NK 細胞療法對較大體積的腫瘤可能效果不彰（尤其是直徑大於 5 公分以上之腫瘤），因此一般會考慮合併手術療法、化學治療或放射療法，有的先將大腫瘤切除或變小後，再配合使用 NK 細胞治療。至於癌症之治療，需要多少次的 NK 細胞療法，則需依個人之狀況及癌症之種類而定。對一般癌症的病人而言，可能大約需要至少 6～12 次之NK 細胞注射後，在癌症指數、生活品質或腫瘤大小等方面，才會有較明顯的效果。

雖然 NK 細胞毒殺癌細胞已證實其效益，但多少數量的自然殺手細胞，才足夠引起有效的毒殺效果，且不會有嚴重的副作用？多久需要進行一次？總共要治療多少次？尤其，如何確定注射進去的 NK 細胞到哪裡去了？會不會沒有進入腫瘤組織反而到其他不應去的地方？這些均有賴臨床更多實證來確定。

　　臨床上要確保個案的療效所需的數量與活性，受個人生理健康狀況影響很大。美國排名前十大的德州貝勒醫學中心，就訂有 NK 細胞產品適用標準，NK 細胞比例必須超過 50%、腫瘤毒殺活性必須高於 70%、細胞毒殺力必須達到 20%以上，才可以對病患施打 NK 細胞產品。

　　NK 細胞的癌症治療成效與其受體特性有相當大關聯性，且異體 NK 細胞的使用更是未來發展重點，這些將在第 22 篇再做進一步說明。

17

CIK 免疫細胞和 NK 細胞
之差異何在

一、CIK 是台灣目前《特管法》下使用最多的細胞療法

「細胞激素誘導的殺手細胞」（cytokine-induced killer cells, CIK）是 T 細胞及自然殺手細胞（NK）的混合體，可由血液中分離出的「周邊血單個核細胞」（PBMC）中，注入丙型干擾素（IFN-γ）、介白素 2 等細胞激素，而「誘導」形成的毒殺型免疫細胞。

CIK 細胞主要特點是具備不受 MHC 限制的毒殺作用，能夠「識別」未能呈遞抗原的受感染細胞、惡性腫瘤細胞，並產生迅速及準確的免疫反應。這些未能呈遞 MHC 的異常細胞，是不能被 T 細胞所識別及清除的。

「細胞激素誘導的殺手細胞」的命名，是來自於最終分化成的 CIK 細胞，其必須透過細胞激素刺激而成。有些人稱其為「類似 T 細胞的自然殺手細胞」，是因為其與自然殺手細胞有密切關聯，因而也有人主張將 CIK 細胞，視為自然殺手細胞的「子類」。從組成及來源上來看，也可視之為 NK 及 T 細胞的混合體。

1991 年，G.H.施密特-沃爾夫（G.H. Schmidt-Wolf）醫生

首次描述 CIK 細胞,並在 1999 年開始進行癌症臨床實驗。2011 年,「國際 CIK 細胞臨床實驗目錄」(International registry on CIK cells, IRCC)成立,該機構致力於收集使用 CIK 細胞的臨床試驗數據和後續分析,以描繪 CIK 細胞研究的最新狀況,其主要側重於評估 CIK 細胞治療在臨床試驗中的效果和副作用。

目前台灣《特管法》下最普遍使用的癌症治療方法,即是 CIK 細胞治療。包括榮總(訊聯)、慈濟(尖瑞醫)、國軍高總醫院(長春藤)、雙和(長春藤)、中山醫大(沛爾、長春藤)、北醫(光麗)、澄清(瑞寶)、成大(長春藤)、萬芳(長春藤)、國泰(長春藤)、奇美(瑞寶)、高醫大(瑞寶)、三總(長春藤)、童綜(瑞寶)等,家數遠超其他 DC、NK 細胞療法。

二、CIK 相較於 NK 及 T 細胞的特性

CIK 相較 NK,CIK 增殖能力強,細胞毒殺作用也就更強。該細胞對癌細胞的辨識能力強,能較精確攻擊癌細胞,不會傷及正常的細胞。對手術後或放、化療後病患,能消除殘留的轉移病灶,防止癌細胞擴散和復發。

NK 細胞只佔所有人體淋巴球的 5%～10%,為試圖提高其數量與毒殺活性,才透過添加刺激物,發展出 CIK 族群。CIK 細胞同時具備 T 細胞和 NK 細胞特徵,是二者功能的組合。與 T 細胞比較,因不受 MHC 限制,因而具備廣譜的抗癌效果。CIK 細胞可透過 NKG2D、DNAM-1(CD26)和

NKp30 等受體來辨識腫瘤，這些受體使 CIK 細胞能夠消滅不呈遞「主要組織相容性複合體」（MHC）的細胞。特別是實體腫瘤細胞和血液腫瘤細胞均會呈現 NKG2D 配體，CIK 細胞能夠裂解帶有該標記的癌細胞。

　　CIK 細胞對某些細胞激素（特別是介白素-2）最敏感，這些細胞激素在體外即會強烈刺激 CIK 細胞的增殖和成熟。體外和體內實驗也證明，CIK 細胞若能與「雙特異性」抗體（bispecific antibodies，能同時與毒殺效應型免疫細胞和致病抗原結合的抗體）合併使用，活性比單獨的 CIK 細胞要強很多。

三、CIK 和 DC 合併使用是常見的細胞療法

　　在目前台灣《特管法》所規範的免疫細胞，除了常見的 DC、NK、CIK 之外，也包括了 CIK 和 DC 的合併使用。DC 就是「樹突細胞」，DC-CIK 細胞治療技術，是利用 DC 和 CIK 細胞合併使用於治療癌症。

　　作法上有的是將 DC 細胞和 CIK 細胞分別培養，透過體外培養擴增後，再將活化的這些免疫細胞注入病患體內，直接毒殺癌細胞。由於 DC-CIK 細胞發揮強大識別和毒殺癌細胞的功能，因而被應用於多種癌症不同階段的治療。

18

T 細胞是人體最主要
各種病原防禦武器

一、從細胞分化層次來看 T 細胞的產生

　　T 細胞（T cell、T lymphocyte）是淋巴球的一種，在免疫反應中，扮演著極為重要的角色。T 是胸腺（thymus），而不是甲狀腺（thyroid）的英文縮寫。T 細胞在骨髓被製造出來之後，在胸腺內進行「新兵訓練」，再分化成熟為「效應型 T 細胞」（effector T cell），並移居於周邊淋巴組織。T 細胞表面分子與 T 細胞的功能相關；T 細胞的表面標誌（marker），可以用以分離、鑑定不同亞型的 T 細胞。

　　所有 T 細胞都來源於骨隨的「造血幹細胞」（HSC）。HSC 會分化為「共同淋巴前驅細胞」（CLP），CLP 再分化成 T 細胞、B 細胞和 NK 細胞。那些分化為 T 細胞的 CLP，將會隨著血液循環流到胸腺，並成為「早期胸腺前驅細胞」（ETP），但是這些細胞既不表現 CD4，也不表現 CD8。可參閱圖 5-1 的 HSC 分化圖。

　　再經過以下所提的「正向選擇」和「負向選擇」後，最初胸腺的 T 細胞，有近 98% 會死亡，存活下來的 2% 多，成為具有成熟免疫功能的 T 細胞。胸腺產生成熟 T 細胞的數量，大致隨著人體衰老而減少，在中老年人的體內，胸腺的大小甚至

平均每年縮小 3%。

二、T 細胞分化上的正負向選擇

　　由骨髓生成的「淋巴前驅細胞」是 T 細胞的前身,其因為荷爾蒙(激素)的作用而進入胸腺,並受到胸腺分泌的數種荷爾蒙的增進分化及數量增殖後,分化為成熟的 T 細胞。

　　T 細胞會經過第一關的「正向選擇」(positive selection),具備了能辨識自身細胞與外來異物的能力後,才能進到下一關,即不能對自身細胞產生攻擊的「負向選擇」(negative selection)。在這樣正、負選擇的淘汰之後,才離開胸腺進到周邊淋巴組織,成為「等待」與抗原結合的「初始 T 細胞」(naïve T cell)。至於不能通過正、負向選擇任何一關的 T 細胞,都會走向自我淘汰的命運。

　　T 細胞的成熟位於胸腺,藉由胸腺皮質上皮細胞(cortex thymic epithelial cell, cTEC)特殊蛋白質分解機制,將自體胜肽呈現於 MHC 上。此時的 T 細胞處於雙重正號(double positive)的狀態。經由「正向選擇」,排除掉不會辨認自身 MHC 的 T 細胞,留下會辨認 MHC 和潛在可能會攻擊「自體抗原」的 T 細胞。正向選擇目的主要是為確立胸線的 T 細胞之受體會認識「自我」的 MHC。

　　在正向選擇之後的 T 細胞,開始呈現 CD4$^+$ 及 CD8$^+$ 單一正號(陽性)(single positive)的亞型。其後 T 細胞來到了胸腺髓質,髓質上皮細胞(medullary thymic epithelial cell, mTEC)可以再次表現自體胜肽於「MHC-I」(CD8$^+$)上,

或者是由胸腺內的抗原呈遞細胞（包括巨噬細胞）將其吞噬，「呈遞」自身抗原於「MHC-II」（CD4⁺）上。在此處則進行「負向選擇」，對於與自體胜肽 MHC 分子有太強結合力的 T 細胞，將走向凋亡。所留下的，即具有辨認自身 MHC 卻又不會攻擊「自體」抗原的 T 細胞群，並進入周邊血液之中。負向選擇主要在建立人體的「免疫耐受性」，以避免本書第 27 篇所論及的自體免疫疾病的發生。此時未曾與外來抗原接觸過的 T 細胞，可稱為「初始」T 細胞。

圖 18-1 即正負向選擇的示意圖。

三、後天性免疫的 T 細胞具有獨特的抗原辨識能力

人體的免疫系統藉由先天免疫與後天免疫的共同作用，得以抵禦外來病原。然而這些參與免疫作用的細胞，是如何辨識、區分敵我，是非常關鍵的問題。

「先天免疫細胞」是透過「病原關聯分子模式」（pathogen-associated molecular patterns, PAMPs）的活化，針對外來病原進行攻擊。而「後天免疫細胞」（T 及 B 細胞）則需仰賴「抗原呈遞細胞」（antigen-presenting cell, APC）（或稱抗原呈現細胞）的主要組織相容性複合體（MHC）與外來抗原的結合，來辨識病原或受到感染的細胞。

在後天免疫細胞成熟的過程中，由 V(D)J 基因重組的方式，產生多樣的 TCR（T cell receptor）及 BCR（B cell receptor）表面受體。經由一連串的篩選，「排除」會攻擊呈現自體胜肽（self-peptide）的細胞，留下可因應多種病原的 T 及 B 細胞「庫」。

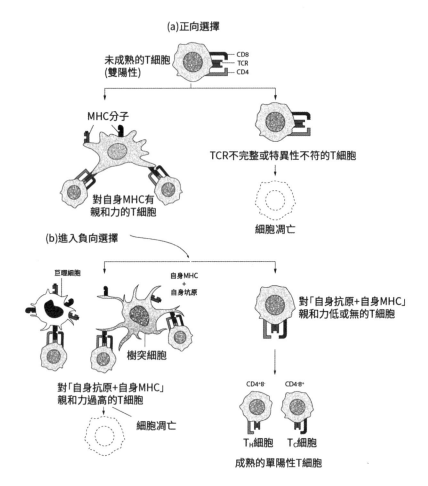

圖 **18-1**

TCR 辨識功能正常的 T 細胞「才能留」，進而對於 TCR 對自身抗原結合力太強的「不能留」。

四、TCR 的不同結構產生 rδT 細胞類型

　　T 細胞受體（T cell receptor, TCR）是 T 細胞表面的特異性受體，負責識別由主要組織相容性複合體（MHC）所呈遞的抗原，它與 B 細胞受體（B cell receptor）不同，並不能識別「游離」的抗原。通常情況下，T 細胞受體與抗原間有較低的親和力，同一抗原可能被不同的 T 細胞受體所識別，某一 T 細胞受體也可能識別許多種抗原。T 細胞的活化，都依賴於 TCR 對抗原的識別。

　　T 細胞受體（TCR）是由兩個亞基組成，是兩個獨立基因所編碼，分別是 TCRα 和 TCRβ（可參閱圖 9-4）。95%以上的 T 細胞受體是由 α 亞基和 β 亞基構成，另外不到 5%的受體，則是由 γ 亞基和 δ 亞基構成。因此可說，T 細胞受體是一個固定在細胞膜上，而大多數是由高度易變的 α 亞基和 β 亞基，經由二硫鍵連結構成；這一類 T 細胞被稱為「αβT 細胞」。至於少數含有 γ 亞基和 δ 亞基，被稱為「γδT 細胞」，其特點在下一篇再做說明。

五、毒殺型與輔助型 T 細胞之激活

　　人體內最具毒殺能力的後天性免疫細胞是 CTL 細胞（毒殺型 T 細胞），其表面分子特徵為 CD3+/CD8+。透過毒殺型 T 細胞表面抗原受體（TCR）辨識「主要組織相容性複合體第一型」（MHC I）內的抗原，可找出外來病原或癌細胞，基本上並可藉由以下三種方法來殺死癌細胞：（一）釋放穿孔素和顆粒溶解酶，及特有的顆粒溶素，使癌細胞從內部裂解。

（二）釋放腫瘤壞死因子（tumor necrosis factor, TNF），使癌細胞壞死。（三）藉由 Fas 和 Fas 配體（在免疫機轉上兩者結合可誘導細胞凋亡）作用，讓癌細胞凋亡。CTL（毒殺型 T 細胞）攻擊方式具有相當專一性，一個 CTL 細胞，可達到毒殺上千個癌細胞的能力。

在 CD4$^+$ 輔助型 T 細胞的激活，需要 T 細胞表面上的 TCR，和位在於同一細胞的受體（CD28），以及在「另一個」抗原呈遞細胞（APC）表面上的 MHCII 和「共同激活分子」（B7）（包括 CD80 和 CD86）；需要這兩對分子的「分別」並「同時」結合才能激活；若僅其中一對的結合，無法產生有效的 T 細胞激活。可參閱圖 18-2 及圖 21-2。「共同刺激」機制可以避免自體免疫疾病的發生，因為即使 T 細胞錯誤地結合了自體抗原，也可能因為沒有受到合適的「共同刺激」，而無法正常活化。

CD8$^+$ 毒殺型 T 細胞的激活，也依賴於 CD4$^+$ 輔助型 T 細胞的訊號傳導。輔助型 T 細胞可以在初始毒殺型 T 細胞的初次免疫反應中給予「輔助」，並且可維持 CD8$^+$ 的記憶型 T 細胞的活性。CD4$^+$ 輔助型 T 細胞的激活，對於 CD8$^+$ 毒殺型 T 細胞的活化，是很必要的。

輔助型 T 細胞作為免疫反應中的「中介」角色，在啟動和調節後天免疫系統功能上，有著不可或缺的作用。這些 T 細胞不能吞噬病原體，也沒有毒殺異常細胞的功能，它們的責任在於「促進」其他的免疫細胞，去更好地執行這些必要的工作。尤其輔助型 T 細胞的 TCR 和第二型 MHC-結合後，將會促成初始輔助型 T 細胞的激活，使其可以釋放細胞激素，從

而影響其他免疫細胞發揮各自的功能，包括專門負責激活 T 細胞的「抗原呈遞細胞」。

另如 CTLA-4 受體，在活化 T 細胞上，有競爭性的抑制作用，可以避免 T 細胞的過度活化。有關 CTLA-4 的說明，可參閱圖 18-2 的說明。

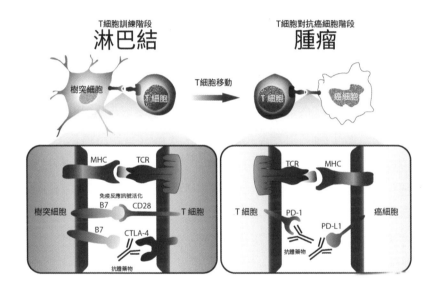

圖 18-2

免疫檢查點抑制劑如何幫助對抗癌細胞？

T 細胞的抑制性受體 CTLA-4 一旦與樹突細胞的配體（B7）結合，就會使樹突細胞無法順利產出活化 T 細胞的訊號。左圖中，抗體藥物與 CTLA-4 結合，就能避免 CTLA-4 阻礙樹突細胞對 T 細胞的教育過程。右圖中，T 細胞 PD-1 若與癌細胞的 PD-L1 結合，會啟動免疫調節機制中的抑制作用，降低 T 細胞的攻擊能力。免疫檢查點抑制劑（抗體藥物）與 PD-1 或 PD-L1 結合，均能消除抑制作用。

六、T 細胞可再區分出調節型及記憶型

　　「毒殺型 T 細胞」負責毒殺被感染細胞和癌細胞，但不幸的，在對器官移植的免疫排斥中，其也有參與。其特點在於透過識別人體細胞表面 MHC-I 分子上的抗原，來分辨正常細胞和應予毒殺的異常細胞。毒殺型 T 細胞還可分泌重要的細胞激素如 IL-2 和 IFNγ，來影響其他免疫細胞的功能，特別是巨噬細胞和 NK 細胞。在免疫反應上，被激活的輔助型 T 細胞會透過釋放大量介白素等細胞激素，來激活巨噬細胞及相同抗原的 B 細胞。可參閱圖 10-1。

　　除了上述兩種 T 細胞，另外也有所謂抑制型 T 細胞（suppressor T cell）。此型的主要識別標示為 CD25$^+$ 和 CD4$^+$，最主要為產生關閉自體免疫反應的訊號，就有如免疫反應的煞車器，也被稱為「調節型 T 細胞」（regulatory T cell，Treg 細胞）。其對於免疫「耐受性」至關重要。它們的主要工作，就是「及時」、「有效」的結束免疫反應，以及抑制那些從「負向選擇」篩選中逃逸的 T 細胞，防止免疫反應對人體自身造成過度損害。另 Treg 分泌的 TGF-β 和 IL-10 的兩種細胞激素，與其免疫調節功能的發揮，有很大相關。

　　「調節型」T 細胞既可以在胸腺中發育分化完成，稱為「胸腺調節 T 細胞」，也可以在周邊血液組織受免疫反應誘導分化。兩者都表現 FOXP3，作為其細胞表面標記。FOXP3 基因的突變，會影響調節型 T 細胞的發育，並易誘發「自體免疫疾病」，如 IPEX 症候群。也就是若煞車系統失靈，人體即會出問題。

　　調節型 T 細胞是一群具有調節人體免疫反應的淋巴球，具有維持自身耐受和避免免疫反應過度損傷人體的重要作用，但也參與人體腫瘤細胞「逃避免疫監視」和慢性感染。在 70 年代曾命名為「抑制型 T 細胞」（suppressor T cell），因缺乏明確的表面標誌，致使研究長期處於停頓境地，直到 90 年代研究出現轉機，並成為目前研究熱點，現多稱為「調節型 T 細胞」。

　　廣泛的說，還有記憶型 T 細胞（memory T cell）之第四種 T 細胞。此一型目前還未發現有特異的表面標誌。記憶型 T 細胞最重要的功能，是進行再次免疫，也就是當它們再次遭遇以前曾經遇過的抗原時，能夠立即的產生反應，連同記憶型 B 細胞一起，分化成為能對付抗原的「效應」（effector）型 T 細胞，或能產生抗體的漿細胞。接種疫苗的預防效果，除了產生中和抗體效價之外，即是記憶型 T 細胞之效價。

　　還未結合過外部抗原的「初始 T 細胞」，一旦結合了抗原呈遞細胞表面 MHC 分子所包覆的外部抗原，就會開始增殖、分化為「效應型 T 細胞」和「記憶型 T 細胞」。其實，其他的訊號適當的共同刺激，對這一激活過程，也是必要的。記憶型 T 細胞的共同特點，在於其壽命較長（可長達數十年），而且在識別到特定抗原時，可以快速分裂為大量的效應型 T 細胞。通過這樣的方式，記憶型 T 細胞就為人體免疫系統中，保存了對之前感染過病原體的記憶。

七、T細胞衰竭在臨床上所造成的疾病

「T 細胞耗竭」是一種 T 細胞功能失常的狀態，其表現為功能逐漸喪失、基因表現發生變化，和抑制性細胞激素的持續分泌。T 細胞耗竭可能發生於慢性感染、敗血症、癌症的進程中。耗竭的 T 細胞，即使再次暴露於抗原刺激之中，也可能無法恢復正常功能。

T 細胞耗竭的直接原因，是持續的抗原刺激。長時間的抗原暴露，會加重 T 細胞耗竭的程度。一般 2～4 周的持續抗原暴露，就可能導致 T 細胞耗竭。

另一個可以導致 T 細胞耗竭的因素，是包括 PD-1（可參閱圖 18-2）在內的一系列抑制性受體。另細胞激素 IL-10 或 TGF-β，也可以導致耗竭。調節型 T 細胞因為可以分泌 IL-10 和 TGF-β，也與 T 細胞耗竭相關。在阻斷細胞表面 PD-1 受體，並減少調節型 T 細胞數量後，T 細胞耗竭的情況，是可以得到反轉。另在敗血症中，抑制「細胞激素風暴」後，也會造成 T 細胞耗竭。

與感染時的情況類似，器官移植帶來的持續異體入內，也會造成 T 細胞耗竭。腎移植後，T 細胞反應能力會隨時間減弱，說明 T 細胞耗竭，導致 CD8⁺T 細胞數量減少，這可能是器官移植所必需「免疫耐受」中的重要一環。雖然 T 細胞耗竭對器官移植是有利，但是 T 細胞耗竭，卻也同時會帶來感染和癌變風險，是不能忽視的。

在癌症進程中，T 細胞耗竭顯然對癌組織的存活，常是有利的；癌細胞可能會主動地誘導 T 細胞耗竭的發生。在白血

病中，T 細胞耗竭也與其復發相關。一些研究甚至提出，可以基於 T 細胞「抑制性」受體 PD-1 的表現狀態，來預測白血病復發的情況。由於免疫抑制性受體與 T 細胞耗竭以及癌症之間的關係，近年來有大量的研究和臨床試驗，致力於透過阻斷免疫抑制性受體來治療癌症。

圖 18-2 即圖示抗體藥物可防止抑制性受體的接合之治療效果。

八、T 細胞的利用在未來將會無限寬廣

T 細胞可以自然地從血液中進入人體組織，巡邏人體內找尋異常的癌細胞、病毒等。因此，可利用 T 細胞先天的外滲能力，設計了一種新的訊息傳導途徑，將 T 細胞轉化為細胞等級的藥物傳遞系統。把 T 細胞設計成尋找人體中的特定疾病（例如病毒感染或某種類型的癌症）的工具，可合成治療性蛋白質來治療疾病。

例如，為了殺死攜帶流感病毒的細胞，可在 T 細胞的表面，插入「感測器」來識別流感病毒的一般 DNA 序列，以及另一段用以治療流感病毒的另外之蛋白質 DNA 序列。當「感測器」識別感染流感的宿主細胞時，治療的流感病毒的蛋白質 DNA 序列，就會被活化。這樣的一個 T 細胞，是可以藉由設計不同的感測器和治療疾病的蛋白質序列，來標靶和治療不同的疾病。

目前已有動物測試證明了 T 細胞生物工廠系統的可行性，可以結合人體特定細胞的病灶，限制 T 細胞只有遇到病

變細胞時,才會合成治療性蛋白質,限制對正常細胞組織的傷
害。當然最好可利用病患自身的 T 細胞,來辨識和治癒自身
的疾病,不依靠外來的藥物,讓自己的病自己救。

19

其他 T 細胞相近的
各種細胞療法

一、LAK 細胞是 NK 及 T 細胞的加強版

為了要增強病患自身的防衛系統以攻擊癌細胞，可預先自病患血液中作血球分離而獲得的 T 細胞，與介白素-2（interleukin-2, IL-2），放在一起培養。介白素-2 會使 T 細胞在試管裡，就能夠毒殺鮮活的癌細胞，而未經處理過的淋巴球則無此效果。這些活化的淋巴球，即可被稱為「淋巴激素活化的殺手細胞」（lymphokine-activated killer cells, LAK）。

LAK 細胞即是毒殺型 T 細胞（CTL），只是利用細胞激素（以 IL-2 為主）來大量增殖，在較高的 IL-2 濃度之下，可使 T 細胞抗癌活力更佳。其抗癌活性比 CTL 更強，但與 CTL 類似，LAK 細胞也極容易使自體免疫疾病更加惡化。

LAK 細胞不是一個獨立的淋巴球的亞型，而是 NK 細胞或 T 細胞體外培養時，在高劑量 IL-2 等細胞激素誘導下，作為能夠毒殺腫瘤細胞的利器，1982 年即有報導周邊血單個核細胞（PBMC）中加入 IL-2 體外培養 4～6 天，能誘導出一種非特異性的毒殺型免疫細胞，這類細胞可以毒殺多種對 CTL、NK 不敏感的腫瘤細胞。LAK 細胞不具特有的表面標記，其前

驅細胞就是 NK 細胞和 T 細胞，因此一般並不單獨把 LAK 視為一個免疫細胞種類。目前大多以第 17 篇所討論的 CIK 來稱之。

二、γδT 細胞具有哪些特性

當樹突細胞偵測到癌細胞的碎片「癌抗原胜肽」，會將偵測到癌細胞的訊息，傳達給負責進行攻擊的 CTL（毒殺型 T 細胞）。接收到訊息的 CTL，能辨識存在於癌細胞表面的 MHC I 及癌抗原，並加以攻擊。然而，其中也有幾乎沒有 MHC I 或是不表現的癌細胞，這是 CTL 所無法辨別的。但有一種稱為「γδT 細胞」（gamma-deltaTcell），他們不需藉由樹突細胞提供抗原訊息，即可進行辨識並進行攻擊。

人體的免疫細胞（白血球）中，負責攻擊癌細胞的主要是「淋巴球」，淋巴球更細分為，直接攻擊癌細胞的 T 細胞（αβT 細胞及 γδT 細胞），及 NK 細胞、NKT 細胞，以及能產生抗體來攻擊癌細胞的 B 細胞。在淋巴球中，大部分的 T 細胞屬於 αβT 細胞，γδT 細胞所佔的數量極少。

γδT 除了表現 γδTCR 和 CD3，並不表現 CD4 及 CD8，在胸腺細胞進行 γδTCR 的基因重組時，因為沒有表現 CD4 及 CD8，所以並不會進行正向及負向選擇，故會很快離開胸腺，直接進入周邊淋巴組織。

γδT 細胞是免疫系統的一個重要成員。一般 T 細胞具有的受體，都是 α 和 β 型。γδT 細胞雖是 T 細胞，表面受體卻是 γ 和 δ 型。在人體內可說量少質精，能調控免疫反應，不僅有毒

殺力，而且能促進干擾素的分泌，加強免疫功能。最獨特的是，γδT 細胞雖是一種 T 細胞，但不需抗原或 MHC（主要組織相容性複合體）的幫助，即能產生作用，對先天免疫反應和後天免疫反應，都扮演重要角色。

γδT 細胞代表了 T 細胞中，一小部分不表現 αβ-TCR，而只表現 γδ-TCR 的類型。其在人體內，僅佔全部 T 細胞的5%。在兔子、綿羊和雞體內，γδT 細胞佔全部 T 細胞的比例，則可能高達 60%。由於 γδT 細胞並不受限於 MHC 分子的呈遞，使 γδT 細胞能夠對抗原，做出快速的反應。

γδT 細胞可以透過 V(D)J 重組自身的 TCR 基因，也有記憶型細胞的表型，被分類為後天免疫細胞，但另一方面，一些 γδT 細胞的 TCR 可以作為「模式識別受體」（PRR），對一些外來微生物發生免疫反應，具有先天免疫細胞的特徵。

國內基亞公司與日本 MEDINET 公司簽有授權合約，取得 MEDINET 之 γδT 細胞在台灣的獨家授權。γδT 細胞也是《特管法》開放的自體免疫細胞治療項目。基亞 NK 細胞早已經獲得許可於義大醫院、柳營奇美醫院及花蓮慈濟醫院實施。對無法接受 NK 治療病患，應可提供 γδT 細胞新的治療方案。

目前台灣《特管法》對自體免疫細胞治療「所規範的五個種類」，依使用醫院家數多少排序，分別是 CIK、DC、NK、DC-CIK，γδT 則少有醫院採用。

三、γδT 細胞在免疫治療上的特別作法

γδT 細胞具有各式各樣的受體，其除了存在血液和淋巴組

織之外，也分布在處於防禦最前線的皮膚和黏膜裡（主要分布在腸道黏膜）。在這些地方，細胞易產生異常的改變。具有許多種類受體的 γδT 細胞，能夠迅速識別這些狀況及物質並加以處理。

γδT 細胞能夠依據癌抗原的不同癌細胞標記，來辨識癌細胞以及其他不正常細胞，包括 IPP（isopentenyl pyrophosphate）、MIC（MHC class I chain-relatdd protein）、CAM-1（細胞間黏附分子-1）等癌細胞標記來進行辨識。因此，如果因為癌抗原消失，而使 CTL 不能作攻擊的話，γδT 細胞可以經由另一種分子標記作為辨識，來攻擊癌細胞。γδT 細胞對多種類的標記可以同時識別，而確定是否為攻擊對象。

IPP 是存在於許多癌細胞中的物質，是異戊烯基焦磷酸的簡稱。其能夠被 γδT 細胞識別為癌細胞的標記之一。識別 IPP 的 γδT 細胞會增殖和活化，並會增強攻擊癌細胞的力量。此為 γδT 細胞的特殊功能，如果其他免疫細胞沒有偵測到此癌細胞標記的話，γδT 細胞可以發現癌細胞，並加以攻擊。

因為 γδT 細胞本來數量就很少的關係，在用於治療方面上，如何增殖為一大挑戰，但近幾年發現，使用唑來膦酸（Zoledronic acid）能使 γδT 細胞大量增殖。唑來膦酸除了在培養 γδT 細胞之外，注射到癌症病患體內，也可以發現癌細胞會大量表現 IPP，藉此可以提高 γδT 細胞對癌細胞的靈敏度。傳統上，唑來膦酸是用於一種作為治療骨質疏鬆症和癌症骨轉移的治療用藥。

四、NKT 細胞是 NK 細胞，但也是 T 細胞

「自然殺手 T 細胞」（natural killerTcells）簡稱 NKT 細胞，與 T 細胞和 NK 細胞擁有部分相同的特徵，其最初是指小鼠體內一種表現「自然殺手相關標記」（NK cell-associated marker）NK1.1（CD161）的 T 細胞。NKT 細胞可定義為人體內表現具有相當偏向性的 T 細胞受體（TCR）及 NK 細胞標記的 T 細胞。

NKT 細胞同時具有 T 細胞和 NK（自然殺手細胞）兩種性質。而且，NKT 細胞與 NK 細胞不同，而與 T 細胞相同，均在胸腺發育成熟。因此，NKT 細胞是一種表現 αβT 細胞受體（TCR），且會表現數種與 NK 細胞有關的分子標記（如 NK1.1）的 T 細胞。

NKT 細胞是比較近期才發現的免疫細胞，數量不多，但在免疫系統所扮演的角色非常獨特且重要，呈現多樣性分化。一般 T 細胞識別的抗原是蛋白質，而 NKT 細胞能識別醣脂質的抗原，這是在抗癌很不尋常的重要特點。

活化後的 NKT 細胞，可以產生大量的丙型干擾素（IFN-γ）、IL-4（介白素 4），以及「顆粒球-巨噬細胞株落刺激因子」（granulocyte-macrophage colony-stimulating factor, GM-CSF）。此外，NKT 細胞還能產生一些細胞激素和趨化因子（如 IL-2、IL-4、IL-13、IL-17、IL-21、腫瘤壞死因子-α、IFN-γ），有其臨床上的應用價值，因為這些因子能促進或抑制不同的免疫反應。

NKT 細胞常被稱為是繼 NK 細胞、T 細胞、B 細胞之後

的第四種淋巴球。全日本十五所國立醫院有採用該先進療法，對非小細胞肺癌的各期患者的術後進行治療。既往治療是在手術治療後，採用化療防止復發和轉移，但並非十分有效，因而對此先進的 NKT 細胞療法，給了予很高期待。

五、腫瘤浸潤淋巴細胞（TIL）也是具相當療效的細胞療法

　　TIL（tumor infiltrating lymphocyte）細胞治療是一個古老的療法，起源於上個世紀 80 年代。簡單說，TIL 療法就是直接從手術切下來的腫瘤組織中，分離、擴增 TIL 細胞。在這些腫瘤組織中，除了大部分是癌細胞，也會有少部分淋巴球，這些腫瘤微環境浸潤的 T 細胞，通過特殊培養方法，把這些針對腫瘤具有特異性的淋巴球擴增培養，再大量回輸給病人，可用來阻止癌細胞復發和轉移。

　　TIL 這項技術是在二十世紀末，美國國家癌症中心史夫‧羅森伯格（Steve Rosenberg）教授推動。從 1988 年開始許多黑色素細胞癌的病患，接受其治療，臨床療效高達 56%，顯示 TIL 療法對於部分實體癌效果也相當好。

　　TIL 製備的過程，大致有下列步驟：（一）取得病患的腫瘤組織，其中混雜著體積較大的癌細胞，以及體積小而圓的 T 細胞；（二）將不同種類的 T 細胞加入高濃度的 IL-2 來培養；（三）在 IL-2 的刺激下，不同種類的 T 細胞得以擴增；（四）用病患的癌細胞和擴增後的 T 細胞作反應，凡是能夠發生殺癌效應的 T 細胞，即為陽性 TIL 群下，其餘的予以丟棄；（五）用負載腫瘤特異性抗原的樹突細胞，進一步擴增培

養腫瘤特異性的 TIL。最後，回輸到已做了減少淋巴球化療的病患。

　　使用 TIL 這項技術的關鍵，在於如何從病患處獲取腫瘤特異的 T 細胞，美國國家癌症中心的 Chandran 團隊，2017 年在 Lancet Oncology 期刊發表了利用 TIL 技術治療極度難治之葡萄膜黑色素細胞癌的臨床數據，有效率高達 35%，腫瘤控制率 85%。目前當紅的 CAR-T 治療，很難取得在血液腫瘤外的重大進展，也就是對實體癌效果不彰。而這正是 TIL 治療的強項。

　　腫瘤內浸潤型 TIL 細胞療法的優點是，TIL 免疫細胞直接來自於腫瘤組織，殺傷力大、專一性高，若與 PD-1／PDL-1 抑制劑合併搭配，療效更增加。因此，TIL 技術目前被證明在黑色素細胞癌、腎癌、卵巢癌等療效不錯。但由於必須自手術切除的新鮮腫瘤組織中，才能分離擴增 TIL 細胞，使這項療法受到很大限制，因難在於從病患獲取 TIL 細胞。

　　患者在進行 TIL 回輸之前，還必須先進行一次前導性化療，這一步很關鍵。回輸的 TIL 細胞，其實是很多細胞的混合體，若沒有經過很特異的篩選，有些對腫瘤特異的 TIL 效果好，有些並不是特異的 TIL，效果就不好。另外，在手術切除的腫瘤組織中，大部分是腫瘤細胞，只有很少部分是 TIL 細胞，因此從中分離純化出 TIL 細胞是極具難度與關鍵的技術，如果純化技術不好，擴增出來的細胞，可能混雜腫瘤細胞，反而是把癌細胞打進身體。

20

樹突細胞在免疫治療的
特異功能

一、樹突細胞之來源與基本功能

「樹突細胞」（dendritic cell，簡稱 DC）是白血球的一種，在血液與組織中都可以見到，因其具有許多分枝狀的突起而得名。樹突細胞最早是由德國保羅・蘭格爾翰（Paul Langerhans）所發現，隔了一個世紀，才由美國拉爾夫・斯坦曼（Ralph M. Steinman）確立其真正的命名與免疫的功能。

樹突細胞可依其不同的發育途徑，分為兩種：（一）源於骨髓前驅細胞，又稱為骨髓樹突細胞（myeloid DC）。當造血幹細胞往骨髓幹細胞的途徑分化後，會分化成「單核球」（monocyte）。單核球除了分化為「巨噬細胞」（macrophage）外，在受到細胞激素的刺激之後，可由「單核球」分化為樹突細胞。（二）源於淋巴前驅細胞，又稱為淋巴樹突細胞（lymphoid DC）。當造血幹細胞往淋巴前驅細胞的途徑分化後，會分化成 NK 細胞、T 細胞、B 細胞。但也有直接分成傳統 DC 與血漿 DC，及蘭氏（Langerhans）細胞三種分類方法。

樹突細胞猶如人體免疫防禦系統的「巡迴教官」，平時會在身體的各個部位擔任巡防的角色，一旦遇到外來抗原入侵

時，便會第一時間移動到發炎的區域，而樹突細胞本身具有「吞噬」和抗原呈遞能力，會分成兩個階段執行功能：（一）未成熟樹突細胞：主要執行吞噬功能，並參與抗原的捕捉與加工處理。（二）成熟樹突細胞：未成熟樹突細胞在活化後，會逐漸轉向成熟，同時也會失去吞噬的能力，並且在活化後，會伴隨著自身細胞形狀改變，失去細胞黏附的功能，此時便移動到鄰近的淋巴組織，執行「抗原呈遞」與「活化」T 細胞的功能。

二、樹突細胞在癌症免疫治療扮演不可或缺角色

　　樹突細胞是人體內主要的「抗原呈遞細胞」（APC），本身具有吞噬和呈現抗原的能力。當樹突細胞辨識到外來病原或癌細胞後，會開始進行吞噬作用，並且將這些癌細胞分解成小片段，再將癌細胞的抗原，呈現在樹突細胞表面上，進而訓練 T 細胞認識這些癌細胞，以達到利用 T 細胞針對癌細胞，進行準確有效攻擊的目的。

　　在前述的原理下，當前在免疫治療法中的樹突細胞療法，大多是藉由抽取血液，把病患的單核球分離出來，再將單核球誘導分化成樹突細胞，然後加入溶解了的癌細胞碎片或人工合成胜肽等抗原，在一起培養。這些樹突細胞會吞噬這些癌抗原，而記住了癌標記，使樹突細胞最後能將這些抗原，呈現在細胞表面上。

　　再經由一般打點滴的靜脈注射方式，就能將這群優質的免疫細胞注射回病人體內。樹突細胞會呈遞癌抗原給 T 細胞，

讓它們認住這些癌標記。記住了癌標記的 T 細胞，會分化成為毒殺型 T 細胞（cytotoxic T lymphocytes），並有效地發揮毒殺癌細胞的作用，來抑制腫瘤的增大或癌細胞擴散，甚至使其縮小或消失，而且不會傷及正常細胞。這療法的優點是具對癌細胞的抗原特異性，而且療效及安全性很高。

在癌症治療上，DC 之主要功能，是將腫瘤特定抗原呈現給其他免疫細胞，它是一個專業腫瘤抗原呈現細胞，「教育」其他免疫細胞辨識腫瘤細胞，再進行毒殺。一般 DC 本身並不具「毒殺」腫瘤之功能，腫瘤毒殺仍以 T 細胞或 NK 細胞為主。

DC 之治療路徑一般為淋巴結或腫瘤「局部注射」，其原因為抗原訊息的交換主要在淋巴結進行。若 DC 以靜脈回輸方式進行治療，主要會聚集於肺部。因此，對於非肺部腫瘤一般以淋巴結注射或腫瘤局部注射。

圖 20-1 是樹突細胞療法的步驟簡圖。

三、樹突細胞與 T 細胞合併治療之常用作法

由於 DC 只具教育功能，故臨床上常是合併 T 細胞的培養與擴增。為清楚說明再就常用的 DC 及 T 細胞的「合併」製備及治療過程，詳述如下：

（一）抽取並分離癌症病患的血液：

首先，使用白血球分離機抽取病患的血液，經過約 3 個小時的時間，採 50cc 到 60cc 的周邊血液單個核白血球（peripheral blood mononuclear cells, PBMC），送到實驗室進行處理。

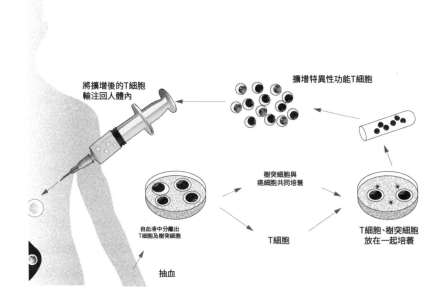

將擴增後的T細胞
輸注回人體內

擴增特異性功能T細胞

自血液中分離出
T細胞及樹突細胞

樹突細胞與
癌細胞共同培養

T細胞

T細胞、樹突細胞
放在一起培養

抽血

///// 圖 20-1
///// 樹突細胞療法主要程序如上圖所示。

（二）實驗室中分離出 T 細胞並培養樹突細胞：

在實驗室中，先將這些單個核白血球放在培養皿中。放置一段時間後，上層的細胞即包括 T 細胞，下層黏在培養皿的細胞，則是單核球（monocyte），經過培養後會分化成樹突細胞；再將這些樹突細胞與經由特殊技術處理後之癌細胞抗原融合一起，藉由樹突細胞表現出這些癌細胞的抗原，隨後加入之前取出的 T 細胞一起培養。

（三）篩選出對抗特異抗原的 T 細胞：

T 細胞與樹突細胞經過一段時間的培養後，少數擁有癌抗

原「受體」的 T 細胞，因為可以和樹突細胞上的癌抗原結合，而被刺激活化。大部分沒有這種受體的 T 細胞，則會逐漸凋亡。這些存留下來的，是能標靶癌細胞上抗原的 T 細胞，當這些 T 細胞上的受體與癌細胞的抗原結合時，會激活 T 細胞去消滅癌細胞。

（四）擴增 T 細胞的數量再回輸體內：

這些經過篩選過的 T 細胞，是有毒殺癌細胞能力的 T 細胞，之後經由特殊培養液的活化，不斷的增殖，最後變成一群包括毒殺型 T 細胞（cytotoxic T cell）、輔助型 T 細胞（helper Tcell）與記憶型 T 細胞（memory T cell）等數量達上億，或至少幾千萬個，再回輸到病患體內。

四、樹突細胞療法在操作過程的關鍵技術

上述樹突細胞癌症治療之有效性，關鍵仍在於 DC 的細胞「融合」成效如何？採集病患癌細胞檢體之「培養」APC 的成功率，是成敗關鍵。

為促使 DC 細胞「呈遞」腫瘤抗原訊息，這些抗原胜肽與具有強「免疫原性」的佐劑（adjuvant）一同使用，和疫苗原理相同，均可增強免疫反應。另也使用可增殖、激活 DC 細胞的其他化學物質，例如「顆粒球-巨噬細胞株落刺激因子」（GM-CSF，又名 CSF2）。

不過最基本的問題是，腫瘤抗原不容易取得，且只用單一抗原效果不好，因為癌細胞一直在突變。目前一般有開刀直接取出腫瘤萃取物來當作腫瘤抗原，也有使用合成的人工胜肽抗

原。更多是採用腫瘤新生抗原（neoantigens）的方法，因為癌細胞也會不斷在突變，移入後的腫瘤抗原和原先腫瘤開刀取得標本的抗原，可能又不一樣了。

　　所謂新生抗原即是由腫瘤內部隨機的體細胞突變所產生的抗原，是不同於正常組織，因而可以引發有效之高度特異性抗癌免疫反應。樹突細胞可透過第一型及第二型 MHC（即 HLA）路徑，呈遞新生抗原，而分別活化毒殺型及輔助型 T 細胞，進入腫瘤微環境毒殺癌細胞。根據癌細胞基因突變所設計的樹突細胞疫苗，目前都利用次世代基因定序演算法分析癌細胞突變，進而考慮和 MHC 結合能力等諸多因素，排出優先順序並挑選出幾個特定新生抗原，期其能與高度多態（樣）性的 HLA 形成穩定複合體，誘發出大量 T 細胞，並確實能達到毒殺癌細胞效果。這種技術開發不易，往往即使活化了 T 細胞，但帶有基因突變的癌細胞仍無法將新生抗原胜肽片段，從細胞內第一型 MHC 路徑，呈現在細胞表面，導致疫苗活化的 T 細胞，仍無法辨識癌細胞而產生毒殺效果。

　　此種透過基因外顯子定序，分析癌細胞突變，並計算與 HLA 結合的親和力之新生抗原，若再將腫瘤微環境的抑制因素有效排除，將是當前最精準的免疫療法。

五、樹突細胞疫苗療法的發展概況

　　Sipuleucel-T 是第一個被美國 FDA 批准，利用樹突細胞的抗癌疫苗，用於晚期去勢抵抗性（castration-resistant）攝護腺癌的治療。Sipuleucel-T 是從病人血液中，分離出樹突細胞之

後，以 PAP 和 GM-CSF 的融合蛋白 PA2024 抗原共同培養。PAP（prostatic acid phosphatase）（攝護腺酸性磷酸酶）是攝護腺癌細胞上的抗原，GM-CSF 是「顆粒球巨噬細胞株落刺激因子」，可以活化樹突細胞。病患的樹突細胞經與 PAP-GM-CSF 培養後，便形成具活性的 sipuleucel-T，然後重新輸至病患體內，藉由誘發病人自身的免疫反應，促使 T 細胞對抗呈現 PAP 抗原的癌細胞。在第三期臨床試驗結果發現，sipuleucel-T 可改善存活率，存活中位數延長 4.1 個月。

該療法確實顯著降低了死亡風險，因此於 2010 年得到美國 FDA 批准。然而，存活期延長 4.1 個月對晚期攝護腺癌來說，是不夠令人滿意的，而且研究發現其針對 PA2024 抗原的免疫反應相關性還不是非常強。這可能是因為癌細胞在晚期疾病中，會採用多種免疫逃避機制，而使效果不彰。

一般的樹突細胞療法需配合手術，取出腫瘤一起在體外培養。日本的癌症治療進展到新世代的「WT-1 人工抗原樹突細胞疫苗療法」，相較於使用病患腫瘤組織作為癌抗原去培養（教育）樹突細胞的方式，只要確認該癌別之癌細胞上有 WT-1 的腫瘤標記（癌抗原），不需要取得癌組織即可獲得精準治療。此方法是經由 HLA typing 基因檢測結果，作為預判治療效果的參考，讓患者在治療前有更多的科學依據。因此對於全身狀態不佳而無法採集癌組織的患者而言，使用此種 WT-1（wilms' tumor）DC 疫苗療法可能是最佳的選擇。此種新型 WT-1 人工抗原樹突細胞疫苗療法，因不需使用患者腫瘤組織製作，故從採檢至回輸僅需二周；而一般 DC 療法則需近三個月。

　　WT-1 是目前最常見於癌細胞上的表面標記，在八成以上的癌細胞均可發現，因此若會表現 WT-1 的癌症患者，即適用此療法。WT-1 樹突細胞疫苗療法的優點是根據癌症病患的狀態、癌別，可選擇合適的人工抗原，搭配其他手術、放療等標準治療、免疫細胞療法，訂定個人化的最佳療法。

　　在接種 WT-1 疫苗後，透過其中特殊佐劑緩慢地釋放，可誘導樹突細胞來吞噬疫苗中的胜肽片段，以提呈抗原，進而誘導免疫系統產生特異性識別癌細胞的記憶型 T 細胞，達到有效抗癌目標。2009 年，美國國家癌症研究所曾分析比對 75 個惡性腫瘤抗原，經過比較權衡理想癌症抗原的標準，包括治療功能性、免疫原性（immunogenicity，引起免疫反應的能力）、專一性、致癌性（oncogenicity）等，證實 WT-1 是最佳的腫瘤抗原，勝過 HER-2。

　　台灣通過《特管法》批准使用免疫細胞治療的醫院中，仍以 CIK 療法為最多，其次即為 DC 療法。在採 DC 療法中，中國附醫所屬醫院、高醫大、慈濟、光田等，均由長聖公司製備，中山醫大由世福公司製備，長庚則由自家細胞中心製備。中國附醫有申請獲准 CIK-DC 的合併療法。

21

CAR-T 是目前最具有療效的免疫療法

一、CAR-T 細胞療法的基因改造特點

CAR-T 是 T 淋巴球（T 細胞）透過基因工程改造，以準確殲滅有特殊標記之癌細胞。此療法結合了基因治療與免疫治療，是目前過繼式 T 細胞輸入療法（adoptive T-cell therapy，ACT）之中，最被認為有效。CAR-T 產品的上市，是繼免疫檢查點抑制劑（immune checkpoint inhibitor）後，進一步將癌症治療帶入一個新的境界。

CAR-T 細胞治療急性淋巴性白血病的首次臨床試驗結果，是 2014 年賓州大學發表 30 個復發難治的急性淋巴性白血病病人，其中 15 個病人在輸注 CAR-T 細胞之前，曾經接受過造血幹細胞移植，在注射自體 CAR-T 細胞後，27 個病人（90%）達到完全緩解（且半年後維持 73% 無復發）。這個結果顯示 CAR-T 細胞治療，突破了以往化療和造血幹細胞移植治療的困境。

CAR-T 之所以能夠取得治癒白血病的驚人效果，根本原因在於它是一種精準的活性藥物。透過裝載上「雷達」，CAR-T 能夠更加準確地識別和毒殺癌細胞，比傳統的放、化

療能更專一且精準的毒殺癌細胞，這即是精準醫療的具體表現。此外，傳統的藥物作用於人體後，會被肝、腎代謝排出，不會在體內長期存在，而 CAR-T 在消滅腫瘤之後，仍會在人體內保留一段時間，像敏銳的長期哨兵，是可持續巡邏全身的「活」系統，密切監視，防止復發。

免疫系統為預防錯殺正常組織，一般 T 細胞在攻擊癌細胞之前，會檢查癌細胞是否有兩個身分認證的蛋白：一為「主要組織相容性複合物」（MHC），另一是「共同刺激配體」（co-stimulatory ligand）。如果癌細胞「不提供」它的身分證辨識或共同刺激配體，T 細胞便「不會」攻擊它。因此，癌細胞在和免疫細胞鬥爭的過程中，會隱藏自己的標記，避免被 T 細胞識別和摧毀。但透過基因編輯手段，利用反轉錄病毒（retrovirus）等載體傳遞遺傳物質，來重設 T 細胞，讓 T 細胞的細胞膜有專一性「抗體」的表現，而不需 MHC 也能識別腫瘤特異性分子。這樣，T 細胞就像裝上了「雷達」，讓癌細胞無所遁形。

CAR-T 是基因修改 T 細胞的一種治療方案，它同時應用了身體免疫系統主要的兩個記憶型免疫細胞的功能（B 細胞和 T 細胞的功能），即採用 B 細胞的「抗體」基因和 T 細胞表面「受體」基因加以結合，造成一個新的叫做 CAR（chimeric antigen receptor，嵌合抗原受體），來把 T 細胞修改成為一個「標靶性」的 T 細胞。對不同的腫瘤均可找到其腫瘤表面抗原，再根據腫瘤表面抗原的特異性，經此技術把 T 細胞「靶向」腫瘤去，所以有非常針對性的靶向治療的特性。

CAR-T 細胞如果靶向特異性不高的話，副作用可能會傷

害到其他的組織細胞。目前 CAR-T 技術具體用到淋巴瘤和白血病是比較多，尤其是 B 細胞急性淋巴性的白血病。B 細胞的 CD19 的「CAR」，現用的最多，其可以把一般的 T 細胞變成針對 B 細胞 CD19 攻擊的一個毒殺型 T 細胞，可以在很有效的時間之內，大量擴增 T 細胞，把 B 細胞的惡性腫瘤全部殺掉。

圖 21-1 及圖 21-2 即對 CAR 結構及相對優勢作簡單圖示。

2022 年 4 月，台大醫院率先成為台灣首家可提供正式臨床使用 CAR-T 細胞治療的醫學中心，患有急性淋巴性白血球的病患成為台灣首位正式接受 CD19 CAR-T 細胞治療的患者。該病患 6 歲罹癌後經歷 3 年的化療和藥物治療，然而部分藥物引發癲癇，且停藥 3 個月後復發而改採細胞治療。醫療團隊採集其血液，送至諾華藥廠位於瑞士的實驗室，經由基因工程，將癌細胞上的「標靶」植入 T 細胞，改造後送回台灣，回輸到病患身上，前後花費數月時間。在 CAR-T 細胞治療前，骨髓檢體皆有殘存癌細胞，回輸後已完全偵測不到，是全台第一個接受 CAR-T 治療且完全康復個案。

二、CAR 結構發展上之三代的演進

利用基因工程技術使 T 細胞表現能「辨識」癌細胞的嵌合抗原受體，如圖 21-1 所示。此種人工的 T 細胞受體，主要具備三個部分：（一）用來辨識癌細胞抗原的單鏈可變區（single-chain variable fragment, scFv）；（二）連接細胞內外部位的絞鏈（隔離）區（spacer）和穿膜區（transmembrane

CAR-T的結構

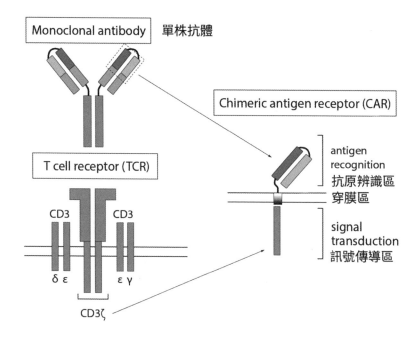

圖 21-1

抗原辨識區來自高專一性的單株抗體（monoclonal antibody），可不同癌症、不同辨識區。穿膜區的功能是負責讓 CAR 卡在 T 細胞的細胞膜上，讓抗原辨識區能夠朝外偵測癌細胞。訊號傳遞區是當偵測到癌細胞後，將這項訊號傳到 T 細胞內，進一步激活 T 細胞，快速繁殖與分泌細胞激素。

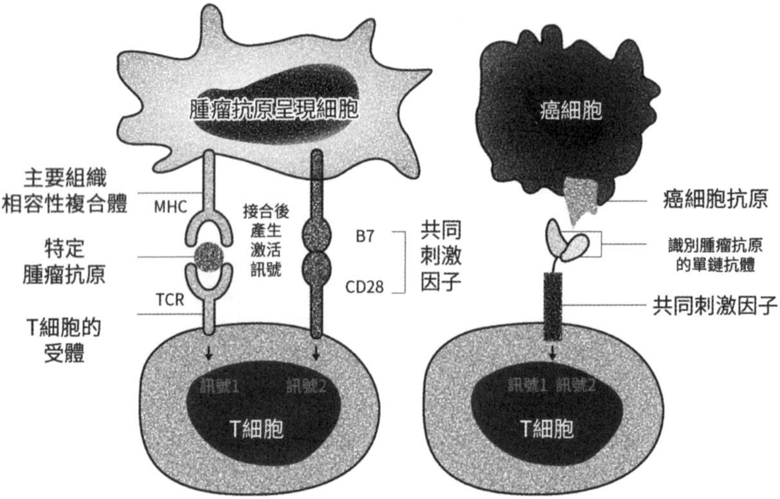

圖 21-2

CART 的設計原理之圖説。原本（左圖），T 細胞需要經過兩個步驟才
能被訓練並活化成可辨識腫瘤抗原：（一）抗原呈現細胞上的 MHC 與
T 細胞受體（T cell receptor, TCR）接合；（二）共同刺激因子的結合。
任一個步驟受影響，都可能阻礙 T 細胞的活化，降低攻擊癌細胞的潛
力。在 CART 下（右圖），則藉由基因重組技術，直接可辨認腫瘤抗原
片段以及共同刺激因子，不需要 APC。

domain）；（三）位於 T 細胞內負責刺激訊息途徑的區域
（CD3ζ 和其他共同刺激分子），不同世代的 CAR-T 差別在
此。最後被擴增到足夠數量的 CAR-T，輸回病患體內，進行
癌細胞辨識和毒殺。

所謂第一代即在胞內區只有 CD3ζ，第二代即在 CD3ζ 與
細胞膜間，再加入 CD28 及 4-1BB（也被稱為 CD137），至於
第三代是在第二代與膜間再加入 OX-40（CD134）。也就是
說，第二代 CAR，是利用融合至 CD3ζ 鏈的「共同刺激結構
區」的新分子（例如 CD28 或 4-1BB），來增強 CAR-T 細胞
活性和持續性。

第二代 CAR-T 細胞療法已經被美國 FDA 核准的有
Kymriah（Novartis 藥廠）治療復發型或難治型 B 細胞急性淋
巴性白血病、Yescarta（Kite/Gilead 藥廠）治療復發型或難治型
瀰漫性大 B 細胞淋巴瘤，及 Tecartus（Kite/Gilead 藥廠）治療
復發型或難治型「被套細胞淋巴瘤」（Mantle cell lymphoma,
MCL）。

在稱呼上也有所謂第一代是用 T 細胞受體的 CD3 及 CD3
的 ζ 鏈，直接接到「抗體」上，第二代就是再加上 T 細胞的另
一個「共同刺激因子」（一般是 CD28），第三代就是第一代
再加了兩個共同刺激因子（最典型的就是加上 4-1BB 的刺激因
子），而也有所謂同時具有 CD28、CD137（即 4-1BB）、
CD27 的共同刺激因子而稱之第四代；即加了三個共同刺激因
子，就是第四代。更多的共同刺激因子，理論上它的目的是要
增加 T 細胞的存活持續性。

三、裝甲 CART 到底是啥

　　近年來所謂「裝甲 CAR-T 細胞」（Armored CAR-T cells）是啥？CAR-T 治療的有效性有仰賴 T 細胞輸入人體前的化療，化療除了會抑制腫瘤細胞外，會使介白素 12（IL-12）和丙型干擾素（interferon-γ）增加。因此，有生技公司設計使 CAR-T 細胞同時產生 IL-12，以代替 CAR-T 輸入前的化療，這種第一代的裝甲 T 細胞對於實體癌的破壞力很強，能有效抑制實體腫瘤中對於免疫細胞不友善的腫瘤「微環境」。然而人體臨床試驗顯示副作用大，因此有了所謂第二代裝甲 CAR-T 細胞，同時表現 CD40 配體來活化相關的免疫細胞，更有第三代的裝甲 CAR-T 細胞，同時表現免疫檢查點抑制劑抗 PD-1 的單鏈抗體。

　　裝甲 CAR-T 的概念是針對實體癌所處的高度「免疫抑制」的腫瘤微環境（TME）而開發設計的，故也被稱為 CAR-T 的第四代發展。其主要是增加各種細胞激素（如介白素 2、4、7、12、15、18 及 IFN-γ、TGF-β 等之運用）之促進與抑制的「調節」作用，以及增加奈米級特殊抗體的分泌，以改善 CAR-T 所處的免疫抑制微環境。這些抗體具備的「細胞毒殺媒介」（ADCC）之作用外，也針對一般標靶藥物如 PD-1、PDL-1 之「免疫檢查點抑制劑」作用（參閱圖 18-2），可減少實體癌內的免疫抑制，尤其是可採用「雙特異性」的「BiTE」設計，一邊與 T 細胞的 CD3 結合，另一邊結合癌抗原，增強抗癌功效。

四、CAR-T 療法的基本細胞製備及治療步驟

　　CAR-T 細胞的製備步驟，比一般的藥物製造要複雜得多，包括了分離、基因編輯、擴增、回輸、監控的程序。其中，基因編輯是 CAR-T 的核心技術，也是每家公司技術上的核心競爭力。

　　而在體外擴增上，一般先利用磁珠（bead）活化 T 細胞，經特定訊號蛋白的刺激後，就會進入擴增階段。幾天後，每個 CAR-T 細胞會複製出大量的 CAR-T 細胞，而擴增好的 CAR-T 細胞注射進入人體。

　　因此，CAR-T 治療大致可分成為以下六個步驟：（一）從癌症患者身上抽血取出免疫細胞；（二）分離出 T 細胞；（三）利用基因工程技術給 T 細胞加入一個能識別腫瘤，並且同時激活 T 細胞來殺死腫瘤的嵌合體；（四）在體外大量擴增 CAR-T 細胞，一般一個病患需要幾十億，乃至上百億個 CAR-T 細胞，往往患者體形越大，需要的細胞越多；（五）把擴增好的 CAR-T 細胞輸回病患體內；（六）嚴密監控病患，尤其是前幾天身體的劇烈反應。

　　CAR-T 細胞的治療流程，首要之務即是監控病人有無復發，如果復發，先判斷是否符合收案的標準，確定收案後，將病人的血袋，送到實驗室製造 CAR-T 細胞。回輸 CAR-T 細胞前一周，病人常須接受化療，暫時降低病人的免疫功能，再將 CAR-T 細胞回輸至病人體內。回輸之後的前兩周，可能會有細胞激素釋放症候群或神經毒性發生，上述的併發症大多數都在第二周會改善，再來就定期觀察評估病人 CAR-T 細胞治

療，是否有效。

　　一般在回輸 CAR 新人體前會做化療「預處理」。T 細胞治療如果不預處理的話，免疫系統裡面都充滿免疫細胞，新的 T 細胞進不去，預處理的目的也是希望免疫系統留出一些空間，讓 T 細胞能擴增。一般使用低劑量的化療預處理，不會有太大的副作用。

五、CAR-T 治療過程的可能副作用

　　常規的藥物治療都會產生不良反應或者副作用，活細胞更是如此，因此在注射後要密切關注病患的生命特徵，隨時處理突發狀況。CAR-T 細胞治療後可能會發生所謂的「細胞激素釋放症候群」（cytokine release syndrome, CRS），這是因為病患體內的 CAR-T 細胞和癌細胞結合，會引發 T 細胞的活化並釋出細胞激素，造成如高燒、低血壓、腎衰竭、凝血功能異常、呼吸衰竭等症狀。

　　前述 2014 年美國賓大的 30 個病人中，有 22 個病人有輕度或中度細胞激素釋放症候群，8 個病人有重度細胞激素釋放症候群，需要住加護病房。而這些病人中，9 個病人使用抗體藥物 tocilizumab（這個藥物台灣的醫學中心都有）後，一到三天病情迅速好轉，不再需要使用升壓劑，而 6 個病人曾使用類固醇，這些病人臨床症狀和異常血液檢驗，最後都恢復正常。此外，在 30 個病人的報告中，13 個病人在發高燒期間出現腦病變，有失語症、精神混亂、幻覺等症狀；6 個病人有延遲性腦病變，症狀維持大約 2～3 天。這些症狀不須特殊的治療，

之後在 2～3 天內會慢慢消失。大多病人也無長期的神經併發症。

另外，CAR-T 會造成「B 細胞再生障礙」（B-cell aplasia），造成抗體（免疫球蛋白）製造的缺損，因此病人常需要輸注免疫球蛋白，以減少感染機會。因為 CAR-T 細胞除了會殺癌細胞外，也會清除正常的 B 細胞，所以有些病人會產生 B 細胞再生障礙，這種病人需要長期輸注免疫球蛋白，維持血液 IgG 大於 500 mg/dl。

此外，神經毒性也是一大風險。CAR-T 研究先驅 Juno 公司，在進行二期臨床試驗時，先後發生多例病人因為神經毒性死亡，被 FDA 兩度叫停了臨床試驗。這可能是白血病細胞侵犯到中樞神經周圍，被 CAR-T 攻擊後產生大量的細胞碎片，才會導致腦水腫。

部分病患在治療後產生細胞激素風暴（CRS）與神經毒性的主要原因，是將數以億計的 CAR-T 細胞進入患者體內攻擊癌細胞，會釋放出大量的細胞激素。可行策略是對「腫瘤負荷」（tumor burden，指人體癌細胞數量、腫瘤大小或癌症病灶的總量較高）的病患，使用較低劑量的 CAR-T。目前從各種角度找出提高安全性的作法的研究也越來越多。

另一方面，有的病患癌細胞對 CD19 標靶無效，因而躲過免疫細胞偵測，導致癌症復發的問題，目前業界積極朝向 CD-19 以外的標靶，如 CD22，作為癌細胞免疫逃逸的預防。

還有一種危險因素，叫做「脫靶效應」，指的是 CAR-T 細胞原本是要攻擊癌細胞，卻錯殺了正常細胞。這和 CAR-T 在製備過程中所選擇的特異性分子很有關係。腫瘤和正常細胞

很像，就像恐怖分子通常會打扮像老百姓，不被員警發現。如果 CAR-T 選擇的標靶在正常細胞上也有，正常細胞就會受到攻擊。白血病的標記分子 CD19，就是一種腫瘤特異性很高的標誌，這才促成在白血病領域，CAR-T 治療如此成功。

六、使用 CAR-T 治療實體癌療效還在努力提升中

除了最早的 Kymriah（tisagenlecleucel, CTL019）用於治療兒童和年輕成人（2～25 歲）的頑固性 B 細胞急性淋巴球白血病，以及 Yesearta（axicabtagene ciloleucel, KTE-C19）用於治療已接受過至少兩種治療方案後仍復發的成人瀰漫性大 B 細胞淋巴癌患者，目前已有多個 CD19 CAR-T 產品在美國上市。但 CAR-T 應用在實態癌（solid tumor）上，仍無重大突破。

CAR-T 細胞治療目前仍是針對復發、難治之 CD19 陽性的急性淋巴性白血病和惡性淋巴癌的最佳治療處方。但這兩種細胞製劑對於 CD19 陰性的血液惡性腫瘤疾病，是沒有治療效果的。

CAR-T 技術在如白血病等血液相關癌症的效果十分顯著，但還不能有效對抗實體癌。這可能是因為實體癌包含太多不同種類的癌細胞。CAR-T 細胞療法，面臨一個很大的問題是，不是每個腫瘤裡的癌細胞都是相同類型。事實上，同一腫瘤內，CAR-T 細胞需要辨認出變異程度很高的目標蛋白質，此即癌細胞的異質性（heterogeneity）。

CAR-T 除了治療白血病、淋巴癌，在治療肺癌、肝癌、胃癌這些器官上的實體癌，確是效果不是很好。目前在臨床試

驗中取得重大突破的，仍然局限在白血病。一方面是因為白血病有極為特異的標靶，實體癌目前還沒有找到。另一方面就是器官的癌細胞，往往會狡猾地躲在其他細胞中間，其會釋放各種訊息分子，造成「煙霧彈」，給 T 細胞的攻擊帶來很大的難度。

把 CAR-T 的 CD19 的單鏈抗體「換成」較可以辨認實體癌抗原的單鏈抗體之各式各樣臨床試驗早已展開，如 EGFR、HER2、mesothelin（間皮素）、IL13Rα2（也稱 CD213A2）、CEA、GD2、CD133、等不同的「腫瘤相關抗原」（TAA），來治療神經母細胞瘤、乳癌、胰臟癌、肝癌等疾病。目前臨床試驗結果顯示，CAR-T 細胞對實體癌的治療反應還是好的。一些 GD2-CAR-T 細胞治療神經母細胞瘤的病人，可達到完全緩解，此外還有 IL13Rα2-CAR-T 細胞治療腦瘤，可達到完全緩解的報告。

七、CAR-T 用於實體癌仍是目前癌症治療最具前途新興療法

目前台灣多家生技公司即選擇以實體癌作為 CAR-T 切入市場，其原因大致有下列三項特點。

（一）找國際知名機構作為合作夥伴

中國大陸、歐美許多機構一直著重於 CAR-T 運用於實體癌，也開發出許多新一代 CAR，針對傳統 CAR 為人詬病的問題，如安全性不佳、復發率高與持久性不佳作改良。目前多個人體實驗證實能有效提升 CAR-T 治療實體癌的安全性與有效性。

（二）實體癌為主要市場所在

目前 CAR-T 療法針對血液腫瘤的臨床試驗，已高達一百多個，且以 CD19 靶點為最多，達近百個。因而在競爭性與潛在市場，皆趨近飽和，且癌症中以實體癌為多，約佔 80% 以上。因此，實體癌治療市場仍最為普遍看好。

（三）數十億美元的 CAR-T 市場

目前全球癌症免疫療法市場，約在 350 億至 1000 億美元。其中又以 CAR-T 療法前景最被看好。考慮到目前癌症一線化療、標靶藥物等治療方法下，患者生存質量差且復發率高，隨著 CAR-T 技術的不斷成熟，未來有望逐步走向癌症的一線療法，且隨著實體癌技術的不斷突破，據 Coherent Market Insights 分析，全球 CAR-T 細胞治療市場預計在 2028 年將達到 85 億美元。

中國大陸看到 CAR-T 的展望，而將其納入「十三五」的重點發展項目，使中國成為美國之外最多發展細胞免疫療法新創公司的地方。

中國大陸復星醫藥投資的復星凱特生物科技有限公司 2021 年 6 月宣布，國家藥品監督管理局已批准其 CD19 靶點自體 CAR-T 細胞治療產品阿基侖賽注射液的上市註冊（商品名：奕凱達）。這是中國大陸首款批准上市的 CAR-T 細胞治療類產品，奕凱達用於治療曾接受二線以上系統性、治療後復發，或難治性大 B 細胞淋巴瘤成人患者。此款 CAR-T 產品是復星凱特 2017 年從美國 Gilead 子公司 Kite 公司所引進，並獲得在中國、香港和澳門的技術及商業化權利。此次獲批是基於復星凱特在中國大陸開展的多中心橋接臨床試驗結果，在接受

治療的難治性、侵襲性之瀰漫大型 B 細胞淋巴瘤患者中，驗證該產品的有效性與安全性。

八、全球近年來 CAR-T 技術的產業發展概況

美國必治妥施貴寶（Bristol Myers Squibb, BMS）於 2021 年 4 月宣布與 Bluebird 合作研發的 CAR-T 細胞療法 Abecma，獲美國 FDA 批准上市，用於治療已復發或難治多發性骨髓瘤成人患者。這是 BMS 繼該公司首個、全球第四個 CAR-T 療法 Breyanzi 後，第二款 CAR-T 細胞治療，也是第一個獲 FDA 批准的標靶 B 細胞成熟抗原（BCMA）的 CAR-T 細胞療法。使 BMS 成為有兩種 CAR-T 細胞療法（CD19&BCMA）批准上市的公司。2021 年 2 月剛核准的 Breyanzi（標靶 CD19）可治療二線以上多種類的大 B 細胞淋巴癌（LBCL）。和之前批准的四款 CAR-T 細胞療法不同，Abecma 選擇的靶點是 BCMA，前四款 CAR-T 療法瞄準的靶點都是 CD19。Abecma 成為 FDA 核准的第五個 CAR-T 療法，其他分別是 Novartis 的 Kymriah、Gilead 的 Yescarta 與 Teacartus，以及 BMS 的 Breyanzi。

儘管目前已有多項多發性骨髓瘤（multiple myeloma, MM）藥物，但仍因復發率高與多線治療後不斷遞減的反應率，使該疾病被視為難以治癒的重症。據統計，接受免疫調節劑、蛋白酶體抑制劑（proteasome inhibitor）和抗 CD38 抗體等三種藥物治療的復發或難治型多發性骨髓瘤患者，對治療的反應率僅 20%至 30%，反應持續時間只 2 至 4 個月，存活率表現也不甚理想。Abecma 主要結合多發性骨髓瘤癌細胞普遍表

現高的 BCMA 蛋白，促使癌細胞死亡。該研究團隊從每位患者的血液中分離取得 T 細胞，使用編碼 BCMA 抗原受體的慢病毒載體對 T 細胞進行修飾，使 T 細胞表面表現 BCMA 受體。治療前，多發性骨髓瘤患者先接受兩種化療藥物，以殺死患者體內現有的 T 細胞，隨後將 Abecma 輸注回患者體內，該 CAR-T 就開始尋找並殺死表現 BCMA 的細胞。

2019 年 12 月總部位於東京的 Astellas 公司宣布，以 6.65 億美元收購 Xyphos Biosciences 公司取得其 CAR-T 平台技術。這是基於 NKG2D 的 NK 細胞與 T 細胞平台，可以指引免疫細胞靶向單個或多個腫瘤抗原，同時促使免疫細胞大量增殖和持久性。Xyphos 的新 CAR 技術平台主要是對 NKG2D 受體進行工程改造（NKG2D 存在於 NK 和 T 細胞上）。透過其技術，使雙特異性抗體將一端與可轉換 CAR-T 的受體結合，另一端與靶定的癌細胞結合，進而裂解癌細胞，而且其還有一個開關可防止發生細胞激素風暴。

2020 年 7 月 Kite 的 CAR-T 療法 Tecartus 獲 FDA 核准上市。這項療法是將病患體內 T 細胞分離出來加以修飾後，再輸回人體內，使其能靶向淋巴瘤細胞的 CD19 抗原。病患接受每劑 Tecartus 都是透過分離患者 T 細胞特別訂製的，只需接受一劑就可以看到臨床功效。

早在 2017 年，中國大陸傳奇生物公司就開發出用於治療多發性骨髓瘤的 CAR-T 產品，並於 2018 年獲得中國藥品監督管理局 CAR-T 臨床試驗申請（IND）批准。2019 年底並獲美國 FDA「突破性療法」（這主要針對用於治療嚴重疾病且初步臨床試驗數據顯示對現有療法具有明顯改善重要臨床終點表

現的新藥）認定。

2020 年 10 月美國 FDA 對中國大陸研發成功的靶向 claudin 18.2 的 CAR-T 細胞療法 CT041 核准為孤兒藥，用於治療胃腺癌。這是世界上首款靶向 claudin 18.2 的 CAR-T 療法。claudin 18.2 在多種腫瘤組織中高度表現，例如胃癌（60%～80%）、胰腺癌（50%）、食道癌（30%～50%）和肺癌（40%～60%）等。但是在正常組織中幾乎沒有表現，因而治療潛力大。即使是在胃癌轉移病灶中，Claudin 18.2 同樣有較高的表現，這樣的特點使 claudin 18.2 成為了一個頗具潛力的標靶。

雖然「人類表皮生長因子受體 2」（HER-2）靶向治療和免疫檢查點抑制劑，已經為特定人群帶來治療效果，但在進展期中的胃癌尋找其他靶點下，claudin 18.2（CLDN18.2）隨之而來為明日之星。Claudins 作用是維持控制細胞間分子交換的緊密連接，而廣泛分布於胃、胰腺和肺組織，而可用於作診斷和治療標的。

2019 年 4 月安斯泰來（Astellas）公司花費 14 億美元收購 Ganymed 公司的 Claudin 18.2 部門作為該公司的核心資產，即看中後者的 MAB362 在胃癌二期試驗中，比標準化療能顯著延長生存期（13.2 個月對 8.4 個月），在 Claudin 18.2 高表現患者的優勢更明顯（16.7 個月對 9 個月）。

九、只有發展異體CAR-T治療才能降低成本造福大眾

CAR-T 免疫療法目前是應用在血癌和淋巴癌的最有效的

療法，但因為治療的費用每人約要新台幣上千萬，非常昂貴。而新一代的 CAR-T 療法，可以大規模生產，並製備同時適用於多個病患的製劑，估計能降低約 10 倍的製造成本。

　　只有異體才能讓更多的病患，以更便宜、方便、快速的方式得到 CAR-T 治療。但是令人困擾的，還是異體 CAR-T 療法的安全性問題，其中令人最為關注的是免疫排斥反應。越來越多的機構在研究如何降低或者消除免疫排斥反應。例如貝勒醫學院的 Maksim Mamonkin 研究團隊，開發了一種新型的「異體免疫防禦受體」（alloimmune defense receptor, ADR），並利用基改技術將 T 細胞改造使其共同表現 ADR 和 CAR（CAR. ADR-T），結果顯示能夠抵抗宿主免疫排斥反應。目前 ADR 已在開發由 iPSC 衍生的細胞療法用途。

　　若可使用來自健康捐者的細胞，製造「現貨型」（off-the-shelf）（或稱通用型）異體（allogeneic）CAR-T 細胞，能夠規模化製造來降低成本。單一捐者可以生產大量 CAR-T 細胞，能夠產生數百劑量冷凍保存的 T 細胞，使患者可以隨時取用、立即進行治療，不會因生產規模而造成延誤治療。現貨型簡化了捐贈細胞的選擇性，也可能設計成同時針對不同標靶的細胞產品組合。

　　異體 CAR-T 細胞療法之挑戰在於，異體 T 細胞上之 T 細胞受體（TCR）可識別受者之異體抗原，因而引起「移植物抗宿主病」（GVHD）。為減少異體 CAR-T 細胞療法排斥可能，患者（受者）只能接受組織相容性（或稱 HLA-匹配）細胞，將異體 CAR-T 細胞視為「自己的」。

十、異體療法的各項克服排斥之可行作法

異體 T 細胞中 HLA 差異所驅動的宿主排斥，是通用型 CAR-T 細胞治療的主要障礙。為了避免 HLA 介導的免疫排斥，可透過 CRISPR/Cas9 基因編輯系統，消除 T 細胞的 HLA。

目前用於製造 CAR-T 細胞主要來源是自體周邊血液單個核細胞（PBMC），較少來自異體的臍帶血（umbilical cord blood, UCB）。此外，CAR-T 細胞也可以衍生自能夠自我再生的幹細胞，例如誘導性多能幹細胞（induced pluripotent stem cell, iPSC）或胚胎幹細胞。因為來自不同健康捐者的周邊血液，有機會建立不同亞型之人類白血球抗原（HLA）複合體的細胞庫，以選擇與患者的 HLA 類型匹配的細胞批次。與患者自體 T 細胞相比，異體 CAR-T 細胞是由健康細胞產生的，較不受癌症免疫抑制作用或接受化療的影響。

所謂「超級供者」（super donor，本書第 3 篇有論及），係指不會觸發強烈排斥反應之「人類白血球抗原」（HLA）類型。超級供者是具有人類常見之「HLA 單倍型」，且將「匹配」特定人群中相當大之一部分。此類似於自具有所有血型之患者皆可耐受之「O-陰性」血型的供者，所建立的輸血庫。人類之特定 HLA 基因幾乎都是「異型合子」（heterozygote），亦即人類通常表現兩種不同之等位基因。若要成功匹配，八個 HLA 等位基因係最佳的（在供者及受者染色體之每人上有四個等位基因）。但對於「同型合子」供者，僅需匹配四個等位基因，因此可增加與供者匹配之受者的數量。人體管控排斥之所

有三個關鍵 HLA 等位基因,若為同型合子之個體,就意味著僅需配對三個基因而非六個基因。因此,可使用衍生自該等所謂的「超級供者」之 iPSC 系,來降低免疫原性。

臍帶血衍生的 CAR-T 細胞可降低移植物抗宿主疾病(GvHD)的發生率和嚴重性,減少對 HLA 差異的嚴格限制,因為源自臍帶血的 T 細胞,具有較低的異體排斥反應。另外,利用胎盤來源的幹細胞也可用於產生 T 細胞或自然殺手細胞,因為胎盤幹細胞僅表現少數 HLA 型態,甚至不表現 HLA,大大降低移植排斥的風險。

至於使用 iPSC(誘導性多能幹細胞)的一個優勢是,CAR-T 細胞是從同一複製改造的多能幹細胞產生的,因此具同質性,若再利用基因編輯消除 iPSC 上的 HLA 分子,可以避免排斥,但其致癌性目前也仍有很大疑慮。也就是說,雖然基因編輯可以在異體 CAR-T 細胞中,結合多種基因修飾,但多重基因修飾後,脫靶基因可能導致致癌風險,仍須以嚴格的品質控制和法規認證程序來規避。

十一、TCR-T 療法也正同步在快速發展

T 細胞療法中,具療效的主要包括「嵌合抗原受體 T 細胞(CAR-T)、「腫瘤浸潤淋巴細胞」(tumor-infiltrating lymphocytes, TIL),還有「T 細胞受體」(T cell receptor, TCR)。CAR-T 與 TCR 療法,皆是以病毒載體改造 T 細胞,改造後的 T 細胞表面擁有可以辨識癌細胞的受體。主要的不同之處在於,CAR-T 表現的是一個全新的、人造受體,TCR

則是改變 T 細胞「原本」的受體，增加對癌細胞專一性，使其更能辨識癌細胞抗原。

此外，CAR-T 只能針對癌細胞「表面」抗原進行攻擊，然而 TCR 則可針對癌細胞表面及內部抗原進行攻擊。TCR-T 細胞治療是將識別腫瘤抗原胜肽的 TCR 構建到毒殺型 T 細胞上。TCR 不但可以結合細胞膜表面抗原，還可以結合「胞內」抗原，因此可以針對更廣泛的靶點。

TCR 免疫細胞療法是藉由改造 T 細胞表面受體，使 T 細胞能靶定並攻擊癌細胞產生的腫瘤新生抗原（neoantigen）。雖也是運用 T 細胞攻擊腫瘤細胞的類似策略，但兩者最大差異的是 CAR-T 是在 T 細胞上裝載人工受體，藉此標靶腫瘤細胞表面的抗原。TCR 則能辨識腫瘤細胞表面抗原，也能標靶細胞內部抗原，對於實體腫瘤的治療更為有效。

TCR-T 細胞治療雖在臨床試驗中有治療效果，但是由於 TCR 只能識別「抗原胜肽-MHC」的複合物，而 MHC 在人類中具有多態性，這就限制了 TCR-T 細胞治療的應用。為了擺脫 MHC 分子的限制，人工所構建的「嵌合抗原受體」（CAR），就是將抗體的 scFv 與 TCR 的「訊號傳導區域」融合的人工受體，而不依賴 MHC 來識別腫瘤抗原。

CAR-T 療法在治療血癌上表現優異，但卻難以治療實體癌，TCR 療法因可辨識癌細胞表面與內部的抗原，所以被視為有治療實體癌的高潛力，不過 TCR-T 細胞雖然能夠辨識細胞內的腫瘤相關抗原（tumor associated antigen, TAA），但是仍受限於 T 細胞的活化機制，以及必須是能夠被 MHC 所辨識的 TAA 之限制。相對的，CAR-T 終究是「人造」的，相對上能

　　夠辨識的表面 TAA，還是更多元一點，甚至可做雙特異（bispecific）CAR，一次辨識兩個 TAA，以避免腫瘤抗藥性。

　　目前許多公司正致力於開發用於治療實體癌的 TCR-T 細胞產品。例如中國大陸的永泰生物公司即有多個 TCR-T 細胞產品正進行臨床研究，針對的靶抗原包括 NY-ESO-1 等睪丸癌抗原，以及 EBV、HPV 等病毒來源的抗原。

　　2020 年 2 月德國生物製藥公司 Immatics 與英國最大的葛蘭素（GSK）合作開發二種 TCR 治療實體癌的新療法。GSK 打算使用其專有的 XPresident 平台，並且在 Immatics 的專有技術上，進行大量投資在鑑定病患特異性腫瘤「新生抗原」。在已開發的自體 T 細胞療法下，GSK 取得 Immatics 的 ACTallo 技術，而可提供異體 TCR-T，使異體基因改造 T 細胞的生產有望。根據雙方協議的條款，GSK 將支付約 5000 萬美元的預付款，以及後續開發資金、監管和商業化里程碑付款，以及額外的專利授權費付款 5.5 億美元給 Immatics。Immatics 主要負責 TCR 療法的臨床前開發和驗證，直至獲得臨床候選資格為止。GSK 則全權負責 TCR 療法的全球開發、製造、申請許可證和商業化。

　　德國 BioNTech 公司近年來以 mRNA 新冠疫苗聞名全球，事實上在疫情爆發以前，BioNTech 便是以研發癌症免疫療法起家的。BioNTech 運用活體內 CAR-T 治療，搭配上靜脈注射 FixVac 技術平台，維持 CAR-T 細胞持久性，並增加其抗腫瘤功效。2021 年 7 月，BioNTech 宣布收購吉利德（Gilead）子公司 Kite 的 TCR 免疫細胞療法研發平台。BioNTech 此次收購將拓展在美國進行細胞療法的臨床試驗規模，並發展其既有

mRNA 疫苗（CARVac）的癌症療法產品之外，主要是看中其 TCR 方面專業能力。而且 CAR-T 細胞療法仍是 Kite 較熟悉的業務主力，BioNTech 收購其 TCR 技術開發平台之後，Kite 將更專注於研發治療實體腫瘤的 CAR-T 細胞療法。

十二、CAR 用於其他細胞的最新發展趨勢

新一代 CAR-T 免疫療法，包括 T 細胞換成 iNKT 細胞。這細胞的優點是，不需要從病患身上取出，而是可以從任何健康的人體中得到，所以 iNKT 細胞的療法，具有大規模生產並降低成本的潛力，改善了過去 CAR-T 療法，須從病患自體內取出 T 細胞，而 T 細胞又可能因為癌症治療的過程，品質早已下降，而且有製造成本昂貴的問題。

iNKT 細胞的英文名稱為「Invariant natural killer T」，中文叫做「不變的自然殺手 T 細胞」。iNKT 細胞是一種特殊的 T 細胞亞群，在人類的血液中很少見，但卻是很重要的免疫調節細胞，可迅速大量產生影響其他免疫細胞的細胞激素。

在腫瘤微環境中，有兩種功能相反的巨噬細胞，M1 巨噬細胞具有抗腫瘤活性，而 M2 巨噬細胞可以促進腫瘤生長。很多研究明確「CAR-巨噬細胞」可以浸潤實體癌，透過釋放細胞激素來調節免疫反應，不但可以維持 M1 巨噬細胞的穩定，還能將 M2 巨噬細胞轉化為 M1 巨噬細胞而縮小腫瘤體積。隨著腫瘤免疫治療的興起，巨噬細胞已經成為藥物研發的一個重要領域。

美國 CARMA Therapeutics 公司著名於，使用「嵌合抗原

受體」（CAR）技術在巨噬細胞以治療實體腫瘤患者。該公司的專利技術是在賓州大學 Perelman 醫學院的細胞免疫治療中心所開發成功的。2018 年該公司完成了 5300 萬美元的 A 輪融資，領投方是著名的 AbbVie Ventures 公司。

　　近年來 CAR-NK 的發展更是快速，將在下一篇再予說明。

22

NK 細胞在癌症治療
發展前景不可限量

一、NK 細胞表面受體在癌症治療之獨特機制

與 T 細胞的毒殺作用機制不同，NK 細胞的毒殺活性受到細胞表面的「抑制性」受體和「活化性」受體的共同調控。因此，NK 細胞表面的抑制性受體（主要是 KIR、CD94、NKG2A）與目標細胞表面的第一型 MHC 結合並傳遞抑制訊號，使 NK 細胞進入「沉默」狀態；而 NK 細胞表面的活化性受體（主要是 CD16、NKp46、NKp30、NKp44 和 NKG2D）若與特異性活化性配體結合，會激活 NK 細胞。可參閱 16-1 圖示。

當 NK 細胞抑制性受體識別到正常組織細胞表面表現的第一型 MHC，會使 NK 細胞功能受到抑制，無法傷到自身正常組織細胞；而在腫瘤組織中，一方面腫瘤細胞表面 MHC 表現通常會下降，另一方面 NK 活化性受體的相對配體（如 NKp30、NKp44、NKp46 等）若表現上升，這兩方面的因素，將導致 NK 細胞活化並毒殺腫瘤細胞。有研究明示，白血病患者 NK 細胞中，抑制性受體 NKG2A 的表現常會顯著升高，而活化性受體 NKP46 則明顯降低，這使得 NK 細胞毒殺

活性降低。透過調節 NK 細胞表面受體的表現，是可以改變其活性，增強其免疫功能。

　　KIR（killer immunoglobulin-like receptor）是 NK 細胞的表面主要受體，分為「抑制性」和「活化性」受體兩種。一般情況下是由抑制性 KIR 來主導。KIR 的配體則是 HLA（即 MHC）。所以 NK 細胞的活性，常是被抑制性 KIR 所抑制。

　　腫瘤細胞表面表現之人類白血球抗原（HLA）若與 NK 細胞之活化性 KIR「不匹配」（KIR activator mismatch HLA），則 NK 的細胞毒殺功能不會被啟動。反之，腫瘤細胞表面表現之 HLA，若與 NK 細胞上的抑制性 KIR「匹配」（KIR inhibitor match HLA），NK 細胞也是不會產生毒殺功能。唯獨當 KIR activator（活化型）match（匹配）HLA 和 KIR inhibitor（抑制型）mismatch（錯配）HLA 時，NK 細胞才會產生毒殺功能。

　　NK 細胞用於非何杰金氏淋巴瘤（Non-Hodgkin's lymphoma）或白血病效果佳，但對實體癌效果較不佳。主要是因為 NK 細胞對於「游離性」之癌細胞有較佳之毒殺能力。若要將 NK 細胞使用在實體癌，上述之匹配及錯配條件須符合。因此，若病患已接受過 DC 或 T 細胞治療仍無效，而可推斷病患之腫瘤已突變成類似身體之「外來物」，則可使用 NK 細胞作為治療之選項之一。

二、腫瘤微環境造成 NK 細胞耗竭之防制

　　儘管 NK 細胞是人體先天抗腫瘤的主要成員，但腫瘤也形成了各種逃避 NK 細胞攻擊的方法。腫瘤逃逸的主要機制與腫

瘤微環境（tumor microenvironment, TME）有關，TME 由免疫抑制細胞，如調節型 T 細胞（Treg）、「腫瘤相關巨噬細胞」（tumor-associated macrophage, TAM，M2 型巨噬細胞）和「骨髓衍生抑制細胞」（myeloid-derived suppressor cell, MDSC），在腫瘤細胞或「抗原呈現細胞」（APC）上所表現的抑制性分子以及細胞外基質組成。「免疫抑制」微環境不僅會促進腫瘤的生長和遷移，而且還幫助腫瘤細胞逃避免疫監視以抵抗免疫治療。

　　抑制性免疫細胞（如調節型 T 細胞、MDSC）也會透過分泌 IL-10 和 TGF-β，削弱腫瘤內 NK 細胞的細胞毒性。若在 TME 中的腫瘤細胞、抗原呈現細胞表現出高水平的「程式性死亡配體 1」（programmed-death ligand1, PD-L1）等抑制性分子，則透過與 NK 細胞上的抑制性受體結合，會阻止 NK 細胞的活化，從而導致 NK 細胞功能抑制甚至耗竭。

　　腫瘤細胞會分泌各種「抑制因子」，如「轉化生長因子-」（transforming growth factor-β，TGF-β）、IL-10、吲哚胺 2,3-雙加氧酶（indoleamine2,3-dioxyhgenase, IDO）、前列腺素 E2（prostaglandine E2, PGE2），以抑制 NK 細胞的抗腫瘤活性。許多研究已經證明，來源於腫瘤細胞的 IDO 和 PGE2 均可顯著抑制 NK 細胞的產生細胞毒素和細胞激素。

　　腫瘤浸潤的 NK 細胞，通常表現出耗竭狀態且易於凋亡，其特徵為活化性受體的表現降低，抑制性受體如 NKG2A、TIGIT 及「T 細胞免疫球蛋白和黏蛋白結構域分子 3」（Tim-3）表現上升，IFN-γ 和 TNF-α 分泌水平降低。若能阻斷這些「抑制性檢查點」受體，就可以使 NK 細胞從耗竭中恢復過

來，顯著提高 NK 細胞免疫治療的療效。患者必須「防制」腫瘤免疫逃逸機制，特別是克服「免疫抑制」微環境，才能獲得理想的 NK 細胞抗腫瘤免疫療效。

很多研究人員正在採用各種方法來增強 NK 細胞在體內的增殖、持續性和抗腫瘤能力。然而，在實體癌的治療中，NK 細胞的療效仍不夠理想；許多因素限制了 NK 細胞免疫療法的功效，尤其是腫瘤微環境的「抑制」。因此，可採用多種不同組合的策略，來增強 NK 細胞的抗腫瘤功效，延長其在體內的存活和持久性，恢復腫瘤微環境中 NK 細胞的功能，避免其發生耗竭。

三、異體 NK 細胞療法之各種利弊因素

在異體 NK 細胞療法方面，可從實驗室將 NK「細胞株」在擴增後注入人體，且不同的病人接受相同的 NK「細胞株」。其優點是品質穩定，可多次治療，缺點是非客製化，療效有限。相較於 T 細胞或 CAR-T 細胞療法，NK 細胞的免疫療法極大的優勢，在於異體 NK 細胞的安全性，不會導致「移植物抗宿主病」（GVHD）。T 細胞的來源通常局限於「自體」細胞，但 NK 細胞可透過從異體的周邊血製備，或由人類胚胎幹細胞，或多能幹細胞誘導（iPSC）。另外，目前已研發出許多藥物用來與 NK 細胞表面 IL-15 受體結合，而活化 NK 細胞，從而促進 NK 細胞增殖及對血液惡性腫瘤和實體癌的細胞毒性。

「NK-92 細胞株」是目前在 CAR-NK 中，研究最為廣泛

的「細胞株」，其是 1992 年從一位 50 歲的非何杰金氏淋巴癌的男性患者體內分離得到。與原代 NK 細胞相比，NK-92 細胞系最大的優勢在於其表面的抑制性受體（如 KIR）表現很低，抑制性受體訊號的缺失，使得其對多種腫瘤的毒殺能力較優。尤其 CAR-T 在實體癌中效果不佳的重要原因，是腫瘤細胞高表現 PD-L1，與 T 細胞表面抑制分子 PD-1 結合，進而抑制了其毒殺活性；而 NK-92 表面抑制性受體的「缺失」，使其能夠避免抑制訊號的干擾。但是，NK-92 也存在著一些明顯的缺點，例如潛在的致癌性和 EB 病毒易感性等，因此，NK-92 必須經過「照射」後才能夠使用。

NK 細胞療法一般常是使用自體；源自周邊血分離出後，加入培養基（包括 IL-2、IL-12、IL-15、GM-CSF 等），在體外培養擴增，並教育 NK 細胞，提高攻擊癌細胞能力。但是罹癌且短期復發者，一般其 NK 細胞能力有缺陷（俗稱體質上免疫力弱），且這種缺失是先天的，故即使使用高劑量化療再佐以自體造血幹細胞移植，也同樣會復發。但此缺陷雖仍可經由體外擴增並加強結合能力，經由 IL-15 等的刺激而改善，但個案上效果可能仍不如「異體」作法。

治療腫瘤的 NK 細胞免疫療法，若採在體外以 IL-2 活化自體 NK 細胞的方法，抗腫瘤效果常有限。效果有限的主要原因是腫瘤細胞上的自身 HLA，會與自體 NK 細胞上的 KIR 相結合，導致 NK 細胞活性受到抑制。若採用異體 NK 細胞或可克服這種抑制作用。輸注異體 NK 細胞不會有宿主對移植物的排斥，同時可消除白血病復發，確保療效和安全性。一些臨床試驗表明，NK 細胞異體輸入不會有 GVHD、細胞激素釋放症

候群（cytokine release syndrome, CRS）或神經毒性，具有良好的耐受性。

在異體作法上，除了來自周邊血的 NK 細胞外，臍帶血和誘導性多能幹細胞（induced pluripotent stem cell, iPSC），透過培養基或細胞激素的刺激，皆可用作 NK 細胞的來源。使用臍帶血或 iPSC 的優勢，包括來源豐富和容易按照藥品生產質量管理規範（GMP）進行擴增，這些優點使臍帶血或 iPSC 來源的 NK 細胞，將成為腫瘤免疫治療的通用型產品。目前，臍帶血和 IPSC 來源的 NK 細胞的大規模擴增技術已經成熟，在美日中等國均已建立了從 CH34⁺ 臍帶血進行體外擴增 NK 細胞的方法，製備出表現 NK 細胞受體且能有效毒殺腫瘤細胞（包括白血病和實體癌）的功能性 CH56⁺NK 細胞。

異體 NK 細胞輸入法對某些類型癌症的治療效果特別佳。對於頑固性非何杰金氏淋巴瘤（non-Hodgkin's lymphoma, NKL）、骨髓增生異常症候群（myelodysplastic syndrome, MDS）等血液惡性腫瘤，客觀反應率（中國大陸稱緩解率）可為 25%～100%。

另外，自體 NK 細胞和異體 NK 細胞都可以進行 CAR 修飾，但它們的細胞特性並不相同；異體 NK 細胞供者血液中存在著以 T 細胞為主的其他淋巴球，這些「雜細胞」的存在會引起「移植物抗宿主疾病」（GvHD），因此在治療之前必須要「清除」T 細胞。但是，異體 NK 細胞由於表面 KIR 與患者第一型 HLA 並不匹配，因此並不會產生抑制訊號而引起干擾，所以異體 NK 細胞會保持較為持久的毒殺效果。

四、CAR、iPSC 及 NK 異體移植之結合

　　NK 細胞療法最令人矚目的是，利用基因工程將「嵌合抗原受體」（chimeric antigen receptor, CAR）植入 NK 細胞。一般 CAR-NK 和 CAR-T 一樣，由下列三個主要組成部分：（一）抗原結合區：抗原結合區決定 CAR-NK 的特異性和靶向性，通常該部分由單株抗體的抗原結合區 scFv 構成，與目標細胞表面的特異性抗原結合，從而識別腫瘤細胞。CAR-T 中常見的 CAR 結構外，CAR-NK 還可以選擇 NKG2D 作為 CAR 結構的識別結構域，因為腫瘤中普遍具有 NKG2D 的配體 NKG2DL 的表現。（二）跨膜區：跨膜區的作用是將胞外的訊息傳遞到胞內。（三）胞內訊號區：胞內訊號區決定著活化訊號的強弱，直接影響毒殺效果。

　　加州大學聖地牙哥分校細胞治療部門 Kaufman 教授團隊，以人類誘導的多能幹細胞（human induced pluripotent cell, iPSC），「分化」出表現有「嵌合抗原受體」（CAR）的 NK 細胞，可更好地對抗難以治療的癌症。CAR-NK 細胞有很多顯著的優勢，即它不須要如異體 CAR-T 一樣，須與特定病人進行「配對」。也就是說，由 IPSC 分化而來的 NK 細胞，將可像「藥品」一樣，進行標準化量產，克服當前 CAR-T 治療的「客制化」之複雜且高成本的問題，效果甚至可優於 CAR-T，因其副作用更小、成本又更低。Kaufman 教授與其研究團隊，將 CAR-T 與 CAR-NK 放在同一基準點下，以小鼠實體卵巢癌模型做了一連串的 Head to Head 研究，顯示 CAR-NK 在腫癌治療上，呈現與 CAR-T 相同的高療效，而毒性卻是大

幅降低。

　　iPSC 衍生的自然殺手細胞，可提供「通用式」（off-the-shelf 式）癌症治療。此種 NK-CAR-iPSC 之 NK，沒有 CAR-T 需要有 HLA 配對相合的問題，每一組 iPSC 衍生的 NK 細胞能治療數千名患者。但是 iPSC 衍生的 NK 細胞仍處於起步階段，要想生產出理想的現成產品，仍需要克服許多挑戰。iPSC 通常來自非造血幹細胞（例如纖維母細胞）產生的 NK 細胞，具有不成熟的表型，其特徵是 CD16 表現低、NKG2A 表現高，KIR 表現也低於來自周邊血的 NK 細胞。

　　異體 CAR NK 細胞可以製備成「現成的」產品，而不受「自體」的限制。這是因 NK 細胞通常分泌有限的 IFN-γ（丙型干擾素）和 GM-CSF，但不分泌引發 CRS（細胞激素釋放症候群）的主要細胞促進發炎的激素，如 TNF-α、IL-1 和 IL-6。鑒於 NK 細胞的上述優點，CAR NK 細胞應用於液態和實體癌治療是可期，然而仍存在很多影響 CAR NK 細胞的臨床應用的因素待解決。

五、CAR-NK 的發展前途不可限量

　　CAR-NK 細胞產品的臨床研究早期大多數試驗集中於血液惡性腫瘤，最近許多的試驗在探索 CAR-NK 細胞免疫療法在治療實體癌方面的功效，越來越多 CAR-NK 透過多重基因編輯方法，實現更複雜的結構設計，以增強 NK 細胞的效力和持久性。

　　除了將 CAR-NK 細胞靶向到不同的抗原外，已轉向基於

不同跨膜和細胞內「共刺激域」的優化結構設計，以增強 CAR-NK 的效力。研究人員利用現有的多種基因工程能力，對 CAR 結構進行微調，以誘導更有效的抗腫瘤反應，尤其是增加和抗原親和力或延長體內持久性。已經有多種「共刺激」元件，包括來源於免疫球蛋白家族（CD28、ICOS）、TNF 受體家族（4-1BB、CD27、OX24 和 CD40），以及其他包括 CD40L 和類 toll 受體（TLR）的結構域。

2022 年 2 月，Intellia 公司與 ONK 公司達成一項許可和研發合作協議，結合 Intellia 基於 CRISPR 的基因組編輯平台，與 ONK 的優化 NK 細胞治療平台，以開發多達五種經 CRISPR 修飾的異體 NK 細胞療法。Intellia 公司使用模組化的基因組編輯平台來創建涵蓋多種適應症的體內和體外治療途徑，主要致力於 CRISPR/Cas9 的藥物研發，以及各種癌症和自體免疫疾病創新細胞療法的開發。ONK 致力於開發下一代「即用型」NK 細胞療法，該公司的優化 NK 細胞平台利用一套專有的基因編輯和細胞修飾策略，來優化 NK 細胞的細胞毒性潛力、持續性，同時降低其在腫瘤微環境中的耗竭。

美國的 MD Anderson 公司異體 CAR NK 平台是從臍帶血中分離 NK 細胞，並對其進行改造以表現標靶特定癌症的 CAR，以 IL-15 增強 CAR NK 細胞在體內的增殖和存活。異體來源可生產後存儲，以備不時之需。

2019 年 12 月 Fate Therapeutics 公司發表了首個獲得美國食品藥物管理局（FDA）批准進入臨床新藥測試的，同時嵌合有三個抗癌成分設計的 iPSC 來源 CAR-NK 細胞免疫治療產品「FT596」。FT596 是由 iPSC 分化而成的自然殺手細胞，經

基因改造後，細胞表面不僅嵌合含有 CD-19 標靶抗體，還具有 CD16 Fc 受體，以及 IL15 受體片段，以增強其「抗體依賴性細胞毒殺」（antibody-dependent cell cytotoxicity, ADCC）作用效力，並延長作用時效與功能。

台灣中國醫藥大學附設醫院及長聖公司的 CAR T 細胞治療，也有同時用於多種實體癌及液態癌，並已申請美國 FDA 臨床試驗，此外有些成果也使用 CAR-NK 細胞標靶 HLA-G 蛋白，並能將腫瘤細胞上的 HLA-G 免疫干擾訊號，轉成免疫活化訊號，達到治療多種實體癌的效果，包含三陰性乳癌、惡性腦瘤、胰臟癌和卵巢癌的效果。

23
細胞激素的
功能何在

一、細胞激素的基本概念

　　細胞激素（cytokine, CK）是一種能在細胞間傳遞訊息，並具有免疫調節功能的蛋白質或小分子多肽。為了維持人體的生理平衡、抵抗病原的侵襲，以及防止腫瘤發生，人體的許多細胞，特別是免疫細胞，會合成與分泌許多多肽（胜肽）類細胞激素。細胞激素除了在細胞之間負責傳遞訊息、調節細胞的生理狀況，也有可能會引起人體發燒、發炎、休克等症狀。

　　細胞激素結構接近於荷爾蒙（hormone），其作用也類似荷爾蒙，也是白血球間用來活化彼此的訊號分子。在白血球的表面上，均有不同特定細胞激素的受體（receptor），此受體乃用以與鄰近白血球所釋放，或由血液中傳遞來的細胞激素相互結合。兩者一旦結合，可使白血球「啟動」免疫反應，而開始一系列的免疫「調節」機制（包括發炎反應）。

　　細胞激素是根據它們的功能、來源細胞或目標細胞而命名的，如單核球產生的各種「生長因子」、介白素（interleukin, IL，又稱白血球介素）、干擾素（interferon, IFN）、株落刺激因子（colony-stimulating factor, CSF）、腫瘤壞死因子（tumor

necrosis factor, TNF）、紅血球生成素（erythropoietin, EPO）
等。

很多細胞激素也直接稱為「淋巴因子」和「趨化因子」。介白素一詞的使用，是因為最早推定其主要目標細胞是白血球。趨化因子則是指，可以媒介引導細胞「趨化」移動的細胞激素。

從分子結構來看，細胞激素大多是小分子的多肽，多數由100個左右胺基酸組成，其都是透過與目標細胞表面的特定受體結合後，才能發揮其效應。這些效應包括促進目標細胞的增殖和分化、增強對抗外來感染、攻擊腫瘤細胞、促進或抑制其他細胞激素的合成，並促進發炎反應。細胞激素的這些作用，具有「網路性」的特點，即每種細胞激素可作用於多種細胞，且每種細胞可同時接受多種細胞激素的調節。不同細胞激素之間，也具有相互「協同」或相互「制約」的作用，由此構成了複雜的細胞激素「調節」網路。除了參與免疫反應與免疫調節，其並可刺激造血功能，以及神經-內分泌-免疫系統的網路，而且有自分泌（autocrine）、旁分泌（paracrine）、內分泌（endocrine）的作用。

二、細胞激素的研究近年發展快速

最近幾年，細胞激素已作為一種新型的生物反應調節劑，在臨床醫學的應用上已有不少的成就。例如，最早的干擾素 α（IFN-α），在治療白血病和最近矚目的新冠病毒感染後之治療，已有顯著療效。目前在國際上已批准生產的細胞激素藥

物，還包括 EPO、干擾素 γ（IFN-γ）、GM-CSF、G-CSF、IL-2 等。細胞激素為人體內自行合成的成分，透過調節生理過程，可提高免疫力，並用來治療很多種疾病。往往在低劑量下即可發揮作用，療效顯著且副作用小。

細胞激素的研究淵源，始於 50 年代的干擾素研究，和 60 年代的 CSF（群落刺激因子，也稱株落刺激因子）研究。由於基因工程技術的迅速發展，使細胞激素研究與合成生產，有了突破性的進展。但細胞激素的化學本質是多肽，從訊息傳遞的角度，其更是生物體內重要的「信使」分子，是細胞內基因表現的產物。

細胞激素除了在人體內免疫機制調節，更有助於疾病的預防、診斷和治療，特別是利用基因工程技術生產的重組細胞激素，更已用於治療腫瘤、病毒感染，及造血功能障礙等。

三、細胞激素在免疫系統的大致分類

細胞激素大致可分成下列五類：

（一）干擾素（interferons, IFN）：主要功能為刺激先天性免疫，抑制病毒複製。

（二）介白素（interleukins, IL）：可刺激白血球 T、B 細胞複製分化，許多和發炎有關，為「發炎因子」，大多為輔助型 T 細胞所分泌。單核球、巨噬細胞、內皮細胞等也會分泌。

（三）趨化因子（chemokines）：常常以建立濃度梯度（concentration gradient）的方式，影響白血球的趨化性（chemotaxis）

和召集（recruitment）。許多和發炎有關，為「發炎因子」。

（四）群落刺激因子（CSF）：刺激造血幹細胞的增殖與分化，以及增加白血球的生成。

（五）腫瘤壞死因子（TNF）：刺激毒殺型 T 細胞，影響其活化與增殖。許多和發炎有關，為「發炎因子」。

四、干擾素抑制病毒功能強大

干擾素可分為 I 型、II 型，I 型分成 IFN-α（白血球干擾素）及 IFN-β（纖維母細胞干擾素）。II 型即是 IFN-γ（丙型干擾素）。相較之下，I 型的功能在於抗病毒，II 型則免疫調節功能比抗病毒功能強。

當人體表面皮膚屏障防禦的完整性被破壞時，病毒就容易入侵，而病毒感染人體最主要的部位是黏膜。藉由昆蟲叮咬或皮膚損傷，也是病毒入侵的另一條路徑。一旦入侵人體，被病毒感染的細胞，會分泌第一型干擾素以干擾病毒 RNA 或 DNA 的轉錄（病毒的複製），並激活「鄰近」「未」受感染細胞的「抗病毒」作用。干擾素是在 1957 年，經由病毒干擾現象的研究時發現的，也是最先發現的一種細胞激素。

在正常的情況下，人體干擾素的編碼基因，是處於抑制的狀態，在病毒感染或干擾素誘生劑的運作下，透過解除抑制物，而啟動干擾素編碼基因，即可轉錄出干擾素的 mRNA，進而轉譯出干擾素。其抗病毒功能是透過與鄰近正常細胞上的干擾素受體結合，啟動該細胞的「抗病毒蛋白」編碼基因，表現多種抗病毒蛋白，抑制病毒蛋白的合成，以發揮抗病毒的功

能。

干擾素除了抑制病毒蛋白的合成，使病毒不能複製之抗病毒功能之外，還表現在抑制病毒的吸附與穿入、脫殼、生物合成、組裝與釋放等階段，也透過誘導細胞之 MHC 分子的表現，增強人體的免疫反應。

一旦病毒感染人體細胞後，為了逃避免疫偵測（監視），病毒會使人體內 MHC-I 分子的表現下降，但干擾素會使受到感染的細胞，加強對病毒之「抗原呈獻」功能，因此會有效率的藉由毒殺型 T 細胞清除這些受過感染的細胞。此外，干擾素也可以加強自然殺手（NK）細胞的細胞毒殺活性，使自然殺手細胞能更有效率的，去辨識被病毒感染而導致 MHC-I 表現降低的細胞。

五、IL-2 是極早被發現的主要細胞激素

IL-2 全稱是 interleukin 2，中文名「介白素-2」，是人體免疫調節非常重要的蛋白質因子。在身體出現異樣，例如被感染後，IL-2 會被各種細胞大量釋放，激活免疫細胞來清除異物，是「趨化因子」家族的一種細胞激素。IL-2 對人體的免疫和抗病毒感染有很重要作用，能刺激並啟動 T 細胞及 NK 細胞增殖，增強毒殺活性及促其產生細胞激素，同時促進 B 細胞增殖和分泌抗體。

雖然 IL-2 本身，並不具有直接毒殺病毒和腫瘤的功能，但是可以「激活」T 細胞、NK 細胞，促使快速「增殖」，從而間接的控制病毒感染和抑制腫瘤生長。可說，IL-2 負責調節

白血球的免疫活性，尤其是在人體受微生物感染時，會作出強大免疫反應，透過與淋巴球表面的 IL-2 受體結合，來發揮其免疫作用。

　　早在 1960 年代中期，即有研究證實在白血球的「培養基」中，具有可促進淋巴球增殖的「活性因子」。在 1970 年代中期，亦發現人類骨髓細胞在特定條件的培養基中，可選擇性的使其中的 T 細胞擴增。此特定條件的培養基，其中的關鍵因子，便是 IL-2（當年稱之為「植物血凝素」）。人類細胞來源的 IL-2 之分離純化於 1980 年達成。人類 IL-2 基因最終也在 1982 年被複製成功。

　　對於 IL-2 的抗病毒功能的研究上，在 2007 年，已證實使用 IL-2 作為免疫刺激劑，可加強人體對於冠狀病毒（近年造成全球災害的新冠病毒種類）的抵抗能力。在 2013 年，亦有重要研究證實，IL-2 對於人類愛滋病毒 HIV 的抵抗能力，指出 IL-2 可以顯著抑制 HIV 病毒在人類細胞中的複製功能。

　　早期的研究發現，高劑量注射 IL-2 能產生抗癌效果，因為 IL-2 不僅能激活免疫細胞，還能直接毒殺癌細胞。因此，從上世紀 90 年代開始，「高劑量 IL-2」就作為一種免疫治療手段，被批准用於治療晚期腎癌和黑色素瘤。這種免疫療法，比現在流行的 PD1 藥物早了 20 多年。它顯然是有效的，甚至能治療晚期病人。但高劑量 IL-2 毒性實在太強了！在殺傷癌細胞的同時，也會對正常器官造成嚴重的影響。

六、介白素-6功能廣泛

介白素-6（IL-6）是具有多功能的細胞激素，除了會對 B 細胞激活外，對 T 細胞、造血幹細胞、肝細胞和腦細胞也會顯現活性。

人體在與創傷、外傷、壓力、感染、腦死、腫瘤及其他疾病有關的急性發炎反應之病程中，均可快速地誘導 IL-6 的產生。外傷病患的 IL-6 濃度，可以預測日後來自外科傷害的併發症，或可發現未診斷出來的創傷或併發症。將 IL-6 作為檢測新生兒敗血症的一個早期警訊生物標記，也是有用的。此外，IL-6 在慢性發炎（例如類風濕性關節炎）中，也扮演關鍵的角色。

IL-6 也利用在自體免疫藥物上。2020 年 3 月，美國 FDA 核准 IL-6 單株抗體 Actemra（tocilizumab，安挺樂）於新冠肺炎（COVID-19）重症患者治療的雙盲、隨機第三期臨床試驗，該藥由羅氏（Roche）旗下 Genentech 所研發生產。另 Regeneron 公司和法國賽諾菲（Sanofi）也用 IL-6 單株抗體 Kevzara（sarilumab）進行臨床試驗中。這二支藥物均已被批准用於新冠肺炎及類風濕性關節炎。在新冠肺炎患者中，預後較差的患者，其免疫系統會產生巨噬細胞活化症候群（macrophage activation syndrome, MAS）。在這些情況下，免疫系統變得過度活躍，產生過多的 T 細胞和巨噬細胞，導致「細胞激素風暴」，並釋放出多種促發炎細胞激素，例如 IL-1、IL-6、IL-12 以及 IL-18，致死率極高。Actemra 獲得 FDA 核准適應症還包含巨細胞動脈炎、多關節性幼年特發性關節炎

和全身性幼年特發性關節炎、嚴重細胞激素釋放症候群
（cytokine release syndrome, CRS）。

台灣合一生技公司針對 IL-6 開發的包括系統性硬化症、
類風濕性關節炎及細胞激素風暴的新藥，已通過美國食品藥物
管理局（FDA）第一期臨床試驗。

七、其他重要介白素家族介紹

介白素-10（interleukin 10, IL-10），也稱為細胞激素合成
抑制因子（cytokine synthesis inhibitory factor, CSIF），是一種
抗發炎型的細胞激素。主要由單核球產生，較少由淋巴球產
生。IL-10 能夠抑制由巨噬細胞和第一型輔助型 T 細胞
（Th_1）等細胞產生的促炎細胞激素，如 IFN-γ、IL-2、IL-3、
TNF-α 和 GM-CSF 的合成。IL-10 在抑制「抗原呈獻細胞」的
抗原呈遞活性上，也有強大能力。但是，它也對第二型輔助型
T 細胞（Th_2）和肥大細胞具有刺激性，刺激 B 細胞成熟和抗
體產生。

介白素-12（IL-12）在參與細胞免疫中，能與 NK 細胞、
T 細胞等，協同發揮抗腫瘤效應，也能夠誘導其他細胞激素的
產生（如 IFN-γ），發揮抗腫瘤作用，且對多種腫瘤的成長和
轉移，具有明顯的抑制作用。目前很多利用 IL-12 家族細胞激
素來製造藥品，供人體提高免疫能力及破壞腫瘤細胞的免疫逃
逸功能。尤其 IL-12 重組蛋白藥物治療腎癌、黑色素瘤、淋巴
瘤、肺癌和大腸直腸癌等，是目前抗腫瘤最廣泛的重組蛋白。

另介白素 7 有助於初始型 T 細胞的激活，介白素 15 有助

於毒殺型 T 細胞的增殖，均是實驗室培養 T 細胞的利器！

　　細胞激素的種類相當多，有一種輔助型 T 細胞，其分泌的細胞激素為介白素 IL-17A，故又稱為 Th17 細胞，其過度的激活會導致嗜中性球異常增殖的自體免疫疾病。Th17 細胞過度反應在多種疾病中均有重要角色，包含許多自體免疫疾病、慢性發炎疾病及癌症。人體內這種會分泌細胞激素 IL-17A 的輔助型 T 細胞，原是針對微生物侵犯的防衛性反應，但是這種細胞激素的過度分泌，卻可能造成身體的傷害。

　　間質幹細胞（MSC）具有免疫調節功能，為了尋找 MSC 所分泌的調控因子，有研究團隊利用質譜技術進行蛋白質體分析，發現 MSC 會高度表現介白素 IL-25 因子，這是一個已知有抑制 Th17 細胞反應功能的介白素。

八、趨化因子的特殊功能

　　趨化因子（chemokines），也稱做趨化激素、趨化素或是化學激素，屬於小分子的細胞激素家族蛋白。趨化因子蛋白的共同結構特徵是分子量小，大約 8,000～10,000 道爾頓（Da）。這些小蛋白因其有定向細胞趨化作用而得名。

　　部分的趨化因子也被認為「促進」發炎反應，但這些趨化因子主要功能，是在正常的修復過程或發育中，控制細胞的遷徙。趨化因子的主要作用，是趨化細胞的「遷移」；細胞沿著趨化因子「濃度增加」的訊號，向趨化因子來源處遷徙。

　　有些趨化因子在免疫監視過程中，控制免疫細胞趨化，如誘導淋巴球到淋巴結。這些淋巴結中的趨化因子，透過與這些

組織中的抗原呈獻細胞（APC）的相互作用，而監視病原體的入侵。有些趨化因子在人體中，能刺激新血管形成，並提供關鍵訊號，而促成細胞的成熟。

趨化因子的釋放，還可刺激其他細胞釋放「發炎」細胞激素，如介白素 1（IL-1），而促炎性趨化因子的主要作用，是趨化白血球（單核球和嗜中性球）從血液循環到感染或組織損傷部位，故有的趨化因子，也可以促進傷口癒合。

趨化因子可因應細菌或病毒感染，由多種細胞來釋放。也可以因非感染性的刺激，如二氧化矽吸入、尿路結石等而釋放出。

九、結語

細胞治療，就是將細胞當成「藥物」的治療方式。當前醫學上這方面最大的挑戰，就是把細胞注射到患者體內之後，無法得知其在體內的分布，以及藥動／藥效學代謝等情形，無法像分子藥物那般被充分追蹤，這主要是因在細胞治療的機制上是非常的複雜，須非常了解細胞激素中，各免疫調節因子、趨化因子、血管新生因子、抗凋亡因子等諸多因子的相互作用。尤其注入人體後細胞激素的分布及效價的分析更不可少。

細胞激素所涉及內容範圍相當廣泛，本書第 29 篇將再做更多補充說明。

24

細胞儲存為新一代
健康保命要角

一、免疫細胞療法已成為當今癌症精準醫療之發展主流

　　近年來免疫學研究相繼在 2011 年以及 2014 年，拿下諾貝爾生醫獎與台灣唐獎的生技醫藥獎，免疫療法成了癌症治療的矚目新星。對於一些腫瘤期別較晚的病患，若無法以手術、化學或放射治療達到良好療效，免疫治療生物製劑的使用，就成為臨床上高度期待的治療方法。

　　免疫細胞泛指所有在人體內參與免疫反應的細胞，而所謂參與免疫反應，亦即是能認識和區別抗原，進而產生免疫作用的反應。此類免疫細胞依據其發生的功能，可分為非特異性、特異性和專司抗原呈獻的免疫細胞。

　　目前醫療上的免疫細胞治療，即是將病患體內的免疫細胞取出，經由培養、擴增，加強其對抗癌細胞的能力後，回輸至病患體內，其能輔助傳統癌症手術、化療、放療之不足。衛福部在 2018 年 9 月公布《特管法》所規範的六項自體細胞治療中的第二項，即免疫細胞治療血液惡性腫瘤及多種晚期的癌症。

二、免疫細胞儲存能有效預防未來免疫能力不足

免疫細胞療法的成功關鍵，取決於免疫細胞的品質與數量，但免疫細胞的數量與品質，會隨年齡增長而下滑，因此越早儲存，未來應用時的療效越好。人體免疫力下降的最大原因，就是年齡的增加。免疫系統衰退與年齡增長是呈正相關。也就是說，免疫細胞是人類健康的守護者，肩負著清除體內病原體、衰老細胞及癌細胞的重任。但因為人體免疫細胞的數量和活性，隨著年齡的增長而下降，因此若預先將年輕、健康的免疫細胞儲存起來，以後抵抗人體自然衰老的效果就越明顯。

採用免疫細胞治療這種相當昂貴的療法，大多是癌症期數較末期的患者，取出的免疫細胞活性與功能，一般已下降很多。相較上，若是癌症期數較前期的，大部分免疫細胞還是健康的，取出來後仍可擴增使用。因此，基本上應趁早儲存健康的免疫細胞，將會比未來得癌症時，使用生病時的免疫細胞效果好。

免疫細胞的儲存一般是藉由抽血，從人體採集一小部分的免疫細胞，進行凍存。若未來有治療需求，再重新解凍、擴增並輸入體內，用這些免疫細胞來清除體內的癌細胞，控制癌症的發展。至少可在免疫功能紊亂時施行輸入；或者定期應用免疫細胞，來強化免疫力，激活身體的自癒能力。

三、免疫細胞儲存在保健及治療目的之不同作法

免疫細胞的儲存是通過靜脈來採集血液，再利用細胞分離

機，分離出血液中的免疫細胞，經符合 GTP 標準的實驗室進行處理，通過檢驗達到合格標準後，將健康高活力的免疫細胞，保存在 -196℃ 極低溫環境中。以後需要用時，再將細胞解凍後，經擴增再回輸人體，達到疾病治療或健康促進的效果。

在免疫細胞的儲存方案上，若以保健為主，僅須一般捐血用的 250cc 血袋採集全血，然後在實驗室製備成 12cc 左右，約二至四億顆以 T 細胞及 NK 細胞（自然殺手細胞）為主的免疫細胞，可分成十二隻抗凍管凍存，供日後分批使用。此種方案由於缺乏足夠的 DC 細胞（樹突細胞）供癌症治療使用，故可稱之保健型儲存方案。

若要採集到醫療目的使用之足夠樹突細胞，則必須利用血液分離機進行如人體洗腎般，在人體近三小時的血液循環中，採集 50cc 周邊血液單個核球（PBMC）之濃厚液，再到實驗室製備出可達四十億顆以 T 細胞、NK、DC 為主的免疫細胞，可分成二個抗凍袋來凍存，未來可分次解凍使用。

在免疫細胞儲存的實際操作上，儲存公司是要明確的提供免疫細胞檢測的試驗方法、免疫細胞凍存體積、總數、活性，及淋巴細胞表面標記鑑定之分布比例，即凍存之細胞的類型，包括輔助型 T 細胞（CD4$^+$）、毒殺型 T 細胞（CD8$^+$）、及自然殺手細胞（CD56$^+$）等資訊。個案上若強調未來可供癌症治療的使用，則樹突細胞儲存的數量是否足夠是很關鍵的因素。

免疫細胞療法的成功關鍵，在於要有品質優良的免疫細胞作材料。除了把握儲存的黃金時機，儲存環境更不能馬虎，沒有頂尖的儲存設備與專業技術，就算儲存時的細胞質量再好，

也會因為其他人為因素而導致活性降低。依照衛福部規定，人體細胞組織的儲存，都應該遵守「人體細胞組織優良操作規範」（簡稱 GTP）。

四、免疫細胞儲存及相關檢測產業前景看好

　　一般人體的免疫功能，在 20 歲時達到高峰，以後會隨著年歲的增長而減弱。故可以「買保險」的角度來看待，儲存免疫細胞，就像是未來擔心失能買長照險一樣。雖然不是每個人都會得癌症，但現在的環境充滿致癌因子，罹癌率愈來愈高，加上全民健保在免疫治療的項目上尚無法給付，因此選擇購買這層保障是值得考慮的。

　　免疫細胞的儲存，也可為民眾擘劃出一個免疫治療的美夢：得到癌症後，可以是自己的救命恩人。目前國內、外已經有做過許許多多細胞治療的完整人體試驗，未來亦會有更多使用年輕、未得病時儲存的免疫細胞來做癌症治療之案例，以及與罹癌時才抽血做免疫治療的效果，做對照比較。目前還得等待時間來進一步比較與證實。

　　免疫細胞是人體自身的主要防禦力量，具有人體識別和消滅外來侵入的任何異物，和處理體內突變細胞和病毒感染細胞的能力。除了儲存外，當前預防醫學也日漸重視平時免疫細胞的檢測。藉由免疫系統的分析，期能即早評估疾病發生之可能性，包含癌症或其他免疫相關疾病。生活中若覺得異常疲憊，或是有不明原因之慢性疲勞感及疾病的民眾，免疫細胞檢測分析將可以提供改善生活品質的建議，及臨床治療的判斷依據。

五、間質幹細胞儲存也是再生醫學的發展主流之一

　　幹細胞是沒有經過分化的細胞，也就是沒有特殊功能的細胞。皮膚細胞可以保護身體，肌肉細胞可以收縮，神經細胞可以傳遞訊息，而幹細胞卻沒有任何特殊結構或功能，就只有一種潛力，就是變成人體中任何一種細胞。事實上，人體到處都有幹細胞，且幹細胞種類繁多，其中目前最主要用於再生醫學，是為造血幹細胞（HSC）及間質幹細胞（MSC）。美國《時代雜誌》將自脂肪中萃取間質幹細胞的技術，評選為2011年全球五十項最佳發明之一。在 2018 年 9 月，台灣衛福部《特管法》已開放成人自體脂肪間質幹細胞移植合法化，應用範圍包含關節軟骨修復、燒燙傷傷口修復、皮膚表面微創輔助應用。

　　間質幹細胞的來源可來自於胎兒出生的胎盤、臍帶、臍帶血、羊膜、羊水，以及成人的脂肪、骨髓等。臍帶中取得的間質幹細胞數量，相對遠較其他來源多。但一旦人出生後，已錯過採集時間，則只有透過脂肪及骨髓來採集再儲存。但人會老，幹細胞也會老，最好趁年輕先儲存起來。

　　此外，女性也可考慮在生產的同時，也留下母親珍貴的幹細胞，即可在同一家醫療院所，剖腹生產同時在傷口縫合處附近，取出部分的脂肪作間質幹細胞儲存。因為是在確認媽媽及寶寶都已順利生產後才進行，故過程極為安全。除此之外，最近也發展出從孩童健康乳牙取得足量間質幹細胞的技術。

　　間質幹細胞不僅可以分化成特定功能的細胞，取代受損部位已經死亡的細胞，也可透過分泌的生長因子和「外泌體」，

修護受損但是還沒有死亡的細胞，更有顯著的免疫抑制效果。目前國際上間質幹細胞的上市產品中，主要即是在抑制過度免疫反應。尤其近年新冠病毒疫情嚴重，而其實新冠肺炎最要命的不是病毒本身，跟 SARS 一樣，真正導致死亡的，常是病毒誘發身體產生的免疫風暴，而間質幹細胞在國際上已廣為使用作為新冠肺炎輔助治療。

　　間質幹細胞的身體來源取得部位，目前發展主流是以腹部抽脂（從肚臍），取代須全身麻醉的骨髓抽取，主因擴增製備技術的成熟，十公克不到的脂肪就可製備到六億顆間質幹細胞。一般細胞均有獨特的細胞標記，故可以通過鑒定細胞表面抗原標記，來確定所儲存的是否為間質幹細胞。CD13、CD29、CD44、CD73、CD90 和 CD105，是間質幹細胞的表面抗原標記。一般鑒定結果會以「+」，顯示陽性。同時CD14、CD31、CD34、CD45，和 HLA-DR 為陰性，就證明間質幹細胞純度越高。

六、造血幹細胞儲存在預防醫學的作用

　　造血幹細胞的應用，除了在大多數血液性疾病上以外，也常應用於實體癌搭配高劑量化療方面。因在執行高劑量化療時，會破壞骨髓造血功能，導致造血功能受損，這時可藉由預存的造血幹細胞解凍注射，來重建其功能。透過造血幹細胞的儲存，在未來治療時可作為輔助治療使用。治療時將預存的造血幹細胞回輸體內，新的造血幹細胞將會取代之前被化學治療時所破壞的骨髓細胞，迅速恢復造血機能。

　　人體周邊血液中有微量之造血幹細胞，數量是不足以提供醫療所需之造血幹細胞數量。但透過注射白血球生長激素（Filgrastim，即 G-CSF），就可以將骨髓內之造血幹細胞驅動到人體周邊血液中，再經由血液分離的設備，就可取得所需之造血幹細胞。白血球生長激素是一種造血幹細胞的生長因子，能增加從造血幹細胞釋放到周邊血液中的數量，以便透過血液分離的程序收集。白血球生長激素已普遍應用於很多的病患，如癌症病患接受化學治療或造血幹細胞移植後，使用白血球生長激素增加其白血球數目。

　　儲存造血幹細胞除了需三、四天前注射白血球生長激素外，就像捐血一樣，不須麻醉，安全、簡易，沒有任何風險。任何人均可把握黃金關鍵期，提早儲存健康的造血幹細胞及免疫細胞。未來若接受化學治療或放射線治療時，被同時破壞掉的造血與免疫系統，可藉由造血幹細胞來恢復其功能。儲存免疫細胞與造血幹細胞不同，免疫細胞主要是自存自用，造血幹細胞可用於配對異體移植，家族成員使用到的機會很大。

七、家族細胞儲存近親使用概念之興起

　　很多在中年時為自己買了價格昂貴的醫療保險，而保險只是減少患病時候巨額的醫療費用，卻無法保障疾病本身能夠有效治癒，或增加治癒的可能性。在年輕時若儲存了自己的免疫及幹細胞，那麼將不再恐懼這些突如其來的意外或年老時候的疾病。透過幹細胞以及免疫細胞的精準治療，再配合日常飲食調整及多運動，真的可以做到抗衰老！

　　間質幹細胞在不同的人不會排斥，因此一個家庭只需一個年輕人儲存健康年輕的間質幹細胞，整個家庭都可使用。如果是突發事件，如車禍或燒傷，或急性缺血性腦中風或心肌梗塞發生後，在術後需作復原治療時，若要自體抽取脂肪或骨髓，也需要將近一個月的時間，才能培養出一定數量足夠的間質幹細胞，時間上緩不濟急。若是有已儲存的間質幹細胞，只需要解凍，便可直接把間質幹細胞注射到家族成員患者體內，立刻救治。

　　間質幹細胞在醫療上的運用，具有比造血幹細胞更大的潛力。間質幹細胞的取得也很容易，臍帶、脂肪裡都富含間質幹細胞。間質幹細胞比較沒有配對的問題，可以快速運用在異體醫療上。尤其臍帶中含有數量豐富且年輕的間質幹細胞，在嬰兒出生時，將臍帶內的間質幹細胞保存下來，不僅取得方便且其具有強大的分化能力，更可突破自體使用的限制，可作為家族內幹細胞的重要來源。但一定要注意幹細胞的儲存品質，在細胞培養過程中，只要有進行完整的檢體檢驗，包括細胞鑑定、微生物污染檢測、人類白血球組織抗原（HLA）分型等諸多檢測，即可供自體及異體移植治療使用，儲存價值無限。

八、在台灣幹細胞受傳銷不實宣傳形象已受扭曲

　　2009 年，郭台銘先生捐贈成立「台成幹細胞治療中心」盼讓郭台成先生的抗癌精神與意志得以延續發展、遺愛人間。歷經十年，2019 年 7 月，該中心從台大醫院擴遷到所捐贈的台大癌症醫院，並更名為「台成細胞治療中心」。為何「幹」

字不見了？

　　「幹」這字不見了！代表了這十幾年來全世界細胞與分子生物醫學科技的變化。在十幾年前，國外主要上市的細胞產品，以體細胞（如軟骨細胞）和臍帶血為主，幹細胞類型的細胞產品，大多數還在臨床試驗階段。如今，間質幹細胞因臨床適應症廣泛，而備受矚目。二十年前所謂的幹細胞，主要是骨髓造血幹細胞，十五年前則是臍帶血造血幹細胞，十年前才發展到脂肪間質幹細胞。

　　所以，目前是以正在興起的癌症免疫細胞治療，及已日漸成熟、廣泛性的脂肪間質幹細胞治療為發展主流，這兩股針對癌症免疫治療及再生醫學之組織修復的不同醫學領域，可合併稱之細胞治療。目前社會大眾普遍誤認幹細胞治療當道，連郭台銘也投資上百億在此行業。究其實際，郭先生是投資癌症免疫治療，不是幹細胞治療領域。之所以治療中心會由「幹細胞」改名為只有「細胞」，可說治療範圍變大，也可說目前不以幹細胞治療為主。

　　幹細胞再生醫學所衍生產業龐大，是台灣目前產業升級不可或缺的要角。可惜有業者利用台灣幾十年磨練而成的傳銷技巧，以口服的幹細胞為名，騙取暴利。雖然因此造就不少家庭收入大增，但也把幹細胞污名化，讓許多社會人士誤認為幹細胞就是專作騙人用的。

九、近年新冠病毒疫情下免疫細胞儲存當道

　　有大陸研究發現，新冠病毒會削弱免疫細胞活性，讓病情

往不好方面發展。該研究分析 452 位在武漢的染病患者,從 286 名重症患者的血液中,發現免疫細胞活性相較於輕症患者來的更低,原因就是新冠病毒造成免疫系統失效。也有研究發現這新冠病毒會讓最具毒殺能力的 T 細胞與自然殺手細胞活性降低。

　　新型冠狀病毒會抑制免疫細胞活性,讓疾病更容易散布與引發重症。因此,如果在罹患任何傳染病前,先保存健康身體的免疫細胞,當身體染上傳染病且免疫力低下時,再擴增並輸回身體內,即能夠補充身體所需大量健康的免疫細胞大軍,而減少重症發生機率。為了維持與提高免疫細胞活性,是可把免疫力「保存」起來;把健康時期、活性強的免疫細胞儲存,需要時再輸回身體,對抗疾病能力會提高,治癒率就會增加。

Part
4

免疫與病毒
之相關
醫療課題

25

免疫球蛋白檢查
有助疾病的診斷

一、各種免疫球蛋白在人體之不同作用

人體內的抗體（就是免疫球蛋白（immunoglobulin））可以簡單分為五種，IgG、IgM、IgA、IgD、IgE。在人體接受抗原（如病毒、細菌等）的刺激之後，一般會先產生 IgM，然後才會產生 IgG。IgG 在正常人體的血液中含量最高，平均為 1200 mg/dL，佔抗體總量的 75%～80%。並且它是唯一胎兒能透過胎盤吸收到的抗體，故胎兒血液中主要的抗體，也是以此為基礎所組成的。

此外，大部分的抗病毒、細菌的抗體，都是屬於 IgG 類別的。IgM 在血液濃度約為 120mg/dL，人體在受到抗原刺激之後會直接產生；產生完 IgM 之後，IgG 會接著出現。然而，當 IgG 出現後，則會抑制 IgM 的生產，所以檢查 IgM 高低，有助於判斷是否有早期的感染。兩者消長關係可見圖 9-2。

IgG 是最小的抗體，也是最常見的抗體。IgM 體積最大，佔抗體總數的 5%～10%。在發生感染時，免疫系統會先產生 IgM，引發免疫細胞消滅異物。

若以肝病為例，在肝發病的時候，免疫球蛋白會發生不小

變化，測定血液中 IgG、IgM 含量，有助於精準診斷。當發生急性肝炎的時候，以 IgM 升高為主，IgG 有輕度升高。

免疫球蛋白 A（IgA）存在於呼吸道、消化道、泌尿道、唾液、眼淚中，保護暴露在外部的體表，佔抗體總數的 10%～15%。在正常人體的體內有兩種 IgA，一種為血清型，另一種則是分泌型。分泌型 IgA 會出現於身體各個部位，具有相當強大的抗菌活性，是局部免疫重要的關鍵。

免疫球蛋白 E（IgE）主要存在於肺部、皮膚和黏膜中，會引發身體對體外異物（如花粉、真菌孢子和動物皮屑）產生過敏反應，同時也參與身體體內對牛奶、一些藥物和毒藥的過敏反應。當過敏時，IgE 含量通常都很高。

二、免疫球蛋白檢查之意義

人體免疫球蛋白（即抗體）主要存在於血漿中，也常見於體液、組織中。人體免疫反應中的「體液」免疫，就是藉由形成抗體，來抵抗外來入侵病菌。人體內若出現某種細菌感染，免疫系統就會產生只與此種細菌相結合的抗體。如果免疫系統產生的抗體很少，那麼出現重複感染病菌的機率會很高。

免疫球蛋白檢查，即測量血液中的免疫球蛋白（抗體）之含量。基本上，當發現身體出現反覆感染病菌，均可經此檢查而確定，是否由免疫球蛋白（尤其是 IgG）含量低下所引起。也就是查看免疫系統反應，看被檢查者是否對疾病具有免疫力，並了解現在或之前，是否出現病菌感染。另此種濃度檢測除了診斷抵抗傳染性病原體的能力，也可協助人體蛋白代謝異

常的疾病之診斷。

　　針對不同外界物質，身體會產生「專門」的抗體。例如，對抗單核球增多症（由 EB 病毒引起的傳染病，症狀與流感相似）的 IgM，就與對抗皰疹的 IgM 不同。因此，可以透過檢測「對抗某種病原的抗體」含量，來診斷疾病。不同種類的抗體含量檢查，也可以幫助醫師區分，目前存在和過去出現的感染。

　　在全球新冠肺炎疫情下，血清抗體檢測是以合成的新冠病毒抗原，來檢測血液中是否具有新冠病毒的 IgM、IgG，可判斷是否曾經感染新冠肺炎，甚至已感染新冠肺炎多久。IgM 陽性代表處於感染初期，IgG 陽性則代表處於後期或康復期；如果兩個同時出現，代表正處於感染的活躍時期。另外根據一項報告顯示，在出現新冠肺炎相關症狀二周後，病毒數量會開始下降且產生的抗體數量會上升，而在三周後達到最高峰。

三、血液中白蛋白與免疫球蛋白之不同功能

　　由肝臟產生之白蛋白（albumin），不可與免疫球蛋白混淆。在人體內白蛋白最重要的作用，是維持人體滲透壓；身體缺少白蛋白，會導致浮腫。對於肝硬化病人的血漿白蛋白含量，會比正常人低。至於尿中白蛋白含量的變化，可反映腎臟的某些病變。

　　由 B 細胞產生的免疫球蛋白，在人體內要保持一定的量，檢測值若超過正常值，那說明體內存在免疫系統的「亢進」；檢測值低於正常值，說明免疫力「不足」。當人體內存

在病毒等抗原時，人體的免疫器官就要增兵，來消滅入侵者，因此免疫球蛋白會增加。

慢性肝炎和肝硬化病患的白蛋白產生會減少，而同時免疫球蛋白會增加，而造成「白蛋白／球蛋白」（A/G）比值倒置（即變小）。尤其是肝癌時，白蛋白會明顯下降，球蛋白增高。

四、各項 Ig 數值高低在醫療診斷上之意義

免疫球蛋白數值若偏高，有其醫學上的意義，說明如下。

（一）IgA 數值偏高，說明可能出現一些自體免疫疾病（如類風濕性關節炎和紅斑性狼瘡）或肝病（如肝硬化和慢性肝炎）及多發性骨髓瘤等。

（二）IgM 數值偏高，說明身體可能出現早期病毒性肝炎、類風濕性關節炎、腎功能損傷或寄生蟲感染。因為在出現感染時，免疫系統會最先產生 IgM 抗體；所以若 IgM 含量較高，即說明身體已出現感染。

（三）IgG 數值偏高，說明身體可能出現長期（慢性）感染（如愛滋病）、慢性肝炎、白血病、自體免疫疾病。

（四）IgE 含量較高，說明可能出現寄生蟲感染。若出現過敏反應，或患有哮喘、某些癌症，和過敏體質、自體免疫疾病的人體內，其 IgE 含量通常較高。

（五）IgD 在免疫系統中的作用較不明確。

相反的，以下數值若較低，則某些疾病可能會發生。

（一）IgA 數值較低：有些人天生 IgA 含量較低，但也有

可能是因為患有某種白血病、腎功能損傷、呼吸道及胃腸道疾病，及燒傷（蛋白質經由皮膚流失）。

（二）IgM 數值較低：可能是因為患有某些白血病、淋巴癌等一些惡性腫瘤疾病。IgM 的流失增加也可見於蛋白質流失的胃腸病變及燙傷。

（三）IgG 數值較低：患者若有含量過高的 IgM，可能會阻止 B 細胞產生 IgG。此外，也有可能是出現後天性免疫不全（如愛滋病）、燒傷和某種腎損傷。有些人天生免疫不全、缺乏 IgG，較容易發生感染。

（四）IgE 數值較低：一般人濃度通常非常低（只有 IgG 的 0.05%），在新生兒更幾乎為零，隨年紀才慢慢增加。

26

免疫球蛋白血漿
在醫療上之功能

一、靜脈注射免疫球蛋白在常規治療上之應用

　　所謂靜脈注射「免疫球蛋白」，是健康者的血漿分離提取
而得到含有高度純化的免疫球蛋白 G（IgG）「抗體」。靜脈
注射免疫球蛋白的效果，一般可持續二周至三個月。主要用於
下列三大情況：（一）免疫缺陷。如原發性免疫缺陷以及後天
性免疫力下降疾病中，所導致抗體數量變少的情況；（二）自
體免疫疾病；（三）急性感染。

　　靜脈注射免疫球蛋白補充療法用於免疫功能低下，甚至缺
乏抗體製造能力的病人時，其目的是提供一定的「被動」免疫
能力，從而避免感染。對於有自體免疫疾病的病患來說，可透
過高劑量（通常 1～2 克／公斤體重）的補充，以嘗試降低其
嚴重性。

　　輸入捐者的抗體，會直接與病患血液中不正常的抗體結
合，因而促進這類抗體的「消除」；或者大量的抗體可能會刺
激補體系統，導致加速「清除」有害的抗體。

　　美國食品藥品監督管理局（FDA）對靜脈注射免疫球蛋白
類產品的指引，靜脈注射免疫球蛋白的劑量，和個案具體情況

有關。對於原發性免疫系統功能紊亂，需要每三至四星期按照每公斤體重給藥 100 到 400 毫克。而對於神經疾病和自體免疫疾病，則可考慮按照每公斤體重給藥 2 克，可連續六個月每月注射五天，然後改成前一種方案的劑量。

　　儘管靜脈注射免疫球蛋白的常規使用，甚至有時候長期使用，都常被認為是安全的，但其仍然可能存在一些併發症。例如頭疼、皮膚炎（通常是手掌與腳底的皮膚剝離），及由於靜脈注射免疫球蛋白帶來的高滲透壓所引起的水腫。

二、免疫球蛋白療法在新冠肺炎疫情期間之運用

　　根據高劑量免疫球蛋白的「免疫調節」機制與「被動免疫」的功能，可在急重症病毒性肺炎中廣泛應用，而成為新冠肺炎重症患者的療法之一。在台灣施打新冠肺炎疫苗時，若有接種人產生過度免疫反應，醫院即會施打此項藥劑以及時醫救。

　　免疫系統的失衡，常是感染重症的主要因素。新冠病毒感染會引起免疫反應異常，其所誘發的過度發炎狀態，在人體內會引起遠超過病毒感染直接造成的組織臟器損傷。早期、足量的免疫球蛋白常可作為一種安全有效的治療策略，以抑制重症新冠病毒患者過度激活的免疫系統。

　　美國食品藥品監督管理局於疫情擴散不久（2020 年 5 月下旬），即批准了免疫球蛋白治療嚴重新冠肺炎的研究性新藥申請。

三、恢復期血漿療法具被動免疫效果

由康復者所捐含高效價新冠病毒特異性抗體的血漿，經過病毒滅活處理，並經多重微生物檢測後製備而成，在對抗新冠病毒上，其中和抗體可用於急重患者的治療。血漿中所含能中和病毒的中和抗體，能清除體內的病毒。此種治療性血漿（亦稱恢復期血漿）作為被動免疫治療模式，在近十多年來，中國大陸的多次突發性傳染性疾病中，已被廣泛應用在重症感染患者的急救措施。

至於康復者的標準是什麼？一般在中國大陸，應符合「新型冠狀病毒感染者的肺炎診療方案」中解除隔離和出院標準，即體溫恢復正常三天以上、呼吸道症狀明顯好轉，連續兩次呼吸道病原核酸檢測陰性（採樣時間間隔至少一天）。對於康復者抗體的時效有多久？對過去其他突發性傳染性疾病「恢復期血漿抗體持續水平」的研究顯示，80%以上的感染者康復後血漿中和抗體可持續 1～3 年。

中國大陸針對突發性傳染性疾病的臨床經驗的報告，建議恢復期血漿使用時，首次劑量為 200 ml，四小時內輸注完成。然後根據患者臨床症狀改善情況，可於次日或間隔 24～48 小時，再次輸注。每個患者的最佳使用劑量和療程，應根據具體病情由醫師確定。

新冠肺炎患者經過治療康復後，身體內會產生針對新冠病毒的特異性抗體，雖可殺滅病毒，但對接受注射他人血漿的病人，易發生過敏反應及被感染其他經血液傳播的疾病風險。所以，對康復者所捐的新冠病毒特異性抗體的血漿，一定是經過

病毒減毒處理，多重微生物檢測後製作而成，具有良好安全性。

27

常見風濕與自體
免疫疾病之概述

一、風濕病在醫學上的由來

　　現代醫學中的「風濕病」，泛指因為各種自體免疫問題或發炎，所導致的一些全身性或局部性疾病。這些疾病侵犯的部位主要是包含肌肉、骨骼與皮膚等結締組織，但也可以導致心、肺、肝、腎等不同器官的損傷。許多人一開始到風濕科就診的原因，是因為發現自己的病痛跟氣溫、濕度等氣候變化有關，所以認為自己得到的可能是「風」、「濕」病。

　　在西方早期的醫學，深受希波克拉底（Hippocratic，生於公元前 460 年希臘之醫師，今人多尊為醫學之父）之體液學說（現今來看是錯誤的）的影響。風濕病的英文 rheumatic disorder 中的關鍵字首 rheuma，其實就是指體液（humors）。早期西方醫學認為，關節病痛的原因，是因為體液的循環出問題，無法正常的由尿液或其他地方來排泄，最後蓄積於關節而發病。因此，在現代醫學發達前的西方醫學，也是以筋路阻滯、淤積腫脹的概念，來解釋關節病變，其意涵與中醫的思路，有異曲同工之妙。

　　現代醫學承襲著東西方傳統醫學對疾病的知識，在原來的

疾病分類中，建立起醫學的科學系統與診療對策。雖然今日人們對疾病之病理的了解，已經與以往有很大的不同，但是源自於祖先的觀察與命名，大多繼續的被沿用下來，但不論東西方社會，現代醫學對風濕病的定義與知識，已經與傳統醫學有所不同。

　　免疫學研究是近年來醫學主流之一，每年均有新的發現。觀察的範圍從以前牛痘天花的臨床表現，到目前人類白血球抗原（HLA）分子研究。人體各系統許多疾病都屬於免疫疾病，例如病毒性肝炎、甲狀腺炎、多發性神經炎、血小板低下症等一般熟知的疾病。其基本致病原因，都是源於免疫系統出問題，只不過因為病變侷限於單一器官，才歸屬於腸胃科、新陳代謝科、神經科亦或血液科。

　　風濕性疾病是波及全身器官的免疫性疾病，是一種多器官免疫傷害的疾病，臨床表現上是多變又相當複雜。要能成功治療風濕性疾病，除了詳細的檢查之外，更必須暸解疾病在不同時間點的表現，以及疾病表現的差異性，掌握風濕性疾病的特質，才能對症下藥。

　　免疫抑制劑是對免疫系統有抑制功效的物質，分為外源的免疫抑制藥（屬於壓制人體免疫反應的相關藥物，用於器官移植與各種自體免疫疾病）及內源的免疫抑制藥（如睪固酮）。免疫抑制藥的效果，可以透過流式細胞儀及免疫組織化學染色法來測定，預測疾病治療的反應。免疫抑制劑可選擇性抑制 T 細胞、細胞激素、干擾素、介白素-2（IL-2）、TNF 等物質活性，達到療效，但長期使用會抑制正常免疫功能，會增加病人感染和發生腫瘤的危險。

二、類風濕因子是自體免疫疾病的重要指標

　　「類風濕因子」（rheumatoid factor, RF）是針對「IgG 抗體」的 Fc 部位（fragment crystallizable region）的一種「自體」抗體；不同的 RF，針對 IgG 之 Fc 的不同部位。RF 和 IgG 的 Fc 部位結合後，會形成「免疫複合體」，促成疾病的形成。儘管類風濕因子主要以 IgM 形式存在，但它可以是任何一個類型的免疫球蛋白（即 IgA、IgG、IgM、IgE）存在。

　　免疫系統就像國家的軍隊，可以分辨敵我並對抗入侵者（細菌、病毒等）。自體免疫疾病就是免疫系統異常，所造成的敵我不分情況；此時就可能會產生攻擊自身組織的抗體，這就是所謂的「自體」抗體，而 RF 就是其中一類的自體抗體。

　　懷疑患有任何形式的關節炎及風濕病患者，通常都會進行 RF 檢測。然而，即使結果若陽性，也可能是由其他原因造成，且若結果是陰性，也不能排除疾病的存在。若血清中檢測到類風濕因子，代表身體可能有自體免疫的問題。若單以 RF 診斷類風濕性關節炎的靈敏度，一般只有約 70%，但特異性可達近 80%。類風濕性關節炎患者約 80%會出現 RF，反過來說，並非有 RF 陽性的人，都是罹患類風濕性關節炎。

　　高濃度的 RF（通常指＞20 IU/mL、1:40、或超過 95%，不同檢驗單位間仍有差異）會出現在類風濕性關節炎（病患約 80%會 RF 陽性）和乾燥症候群（病患約 70%是 RF 陽性）。RF 的濃度越高，關節破壞的可能性就越大。

　　除了類風濕性關節炎外，其他的自體免疫疾病（如全身性紅斑性狼瘡）、慢性感染（B、C 型肝炎或某些病毒、細菌感

染），甚至是有 1%～5%正常人（尤其是老人），都可能出現 RF。此外，檢驗本身也有其不確定性，例如檢驗時檢體污染或隨機誤差，也可能造成檢驗值偏差。

另外，抗環瓜氨酸肽抗體（Anti-cyclic citrullinated peptide antibodies, anti-CCP Ab）和類風濕因子比較，在診斷類風濕性關節炎之敏感度差不多，但其特異性較高，可達 90%。有研究顯示某些病患可以在類風溼性關節炎典型症狀發生數年前，便先產生抗環瓜氨酸肽抗體，所以可用來幫助區分尚無法分類之早期關節炎患者（如關節疼痛小於六周、關節腫痛程度未達類風濕性關節炎診斷標準者），是否為早期類風濕性關節炎，有一定的價值。

三、抗核抗體是自體免疫疾病重要鑑定依據

風濕性疾病主要包括類風濕性關節炎（RA）、全身性紅斑性狼瘡（SLE）、乾燥症候群（SS）、多發性肌炎（PM）等自體免疫疾病，以及其他骨骼、關節方面之疾病。這些疾病之臨床病徵，有時不明顯，而造成臨床診斷及治療上的困擾，診斷上往往需要依賴實驗室檢查來輔助證明。

血液中「抗核抗體」（anti-nuclear antibody, ANA），就是對抗人體自己「細胞核」內的抗原之「自體抗體」。這些 ANA 存在於各種不同的免疫疾病，對於診斷不同的風濕性疾病是非常重要的。由於 ANA 的檢查方法迅速、簡單且靈敏度高，所以臨床上已成為常規檢查。目前已知的 ANA，至少有百種以上不同的抗體，其中可分為四大類：即抗 DNA 抗體、

抗組織蛋白（histone）抗體、抗非組織蛋白抗體，及抗核仁抗體，而每大類可細分成好幾種不同的抗體。

所以一但 ANA 陽性時，必須再檢查個別的抗體，如抗 Sm、抗核糖核蛋白（RNP）、抗 SS-A、抗 SS-B、抗 Scl-70、抗 Jo-1 等，以便區分不同之風濕性疾病。

抗核抗體陽性，並不代表一定有某種風濕疾病，須與臨床症狀配合，才能做出正確的診斷。有些抗體是紅斑性狼瘡特有的，如 Sm 及雙股 DNA（ds DNA）抗體，別種抗體則除了紅斑性狼瘡外，亦可能在其他風濕疾病偵測到。

總結來說，不宜因單一檢驗的異常，而推論罹患某種疾病。許多檢驗數據，除了看是否超出參考範圍外，尚須配合其上升或下降的程度及檢驗的效能（靈敏性、特異性），來做評估。

四、類風濕性關節炎是最常見的自體免疫疾病

在正常情況下，免疫系統會保護身體免於被各樣外來生物入侵，但當免疫系統錯誤地轉為攻擊自己的滑膜（包圍關節外面的薄膜），便會引起發炎，造成類風濕性關節炎。類風濕性關節炎的典型症狀，包括滑膜微熱、發紅、腫脹和疼痛。隨著類風濕性關節炎惡化，發炎的滑膜會侵入和破壞關節內的軟骨和硬骨。支撐和穩定關節的肌肉、韌帶和肌腱會因此變弱，繼而無法正常運作，引致疼痛和關節損傷。雖然任何有滑液的關節，都可能受類風濕性關節炎影響，但一般受影響的是手腳的細小關節，且通常左右兩邊同樣發病、對稱地呈現病徵。但最

重要的是，類風濕性關節炎更是一種全身性疾病，可影響整個身體，包括心臟、肺臟和眼睛。

　　類風濕性關節炎可導致關節變形和移位，發病程度可由輕微至嚴重不等，因人而異。有些患者病情較輕或較溫和，偶然出現惡化徵狀（稱為急性發作）。病情較嚴重者，大部分時間症狀活躍，且持續多年，甚或終生。治療該病的目標是紓緩痛楚、減輕發炎、減緩關節損傷。在治療上，過去一般主要是紓緩痛楚，只有當病情惡化時，才用藥力較強的藥物。但近幾年已有所轉變，在早期治療就使用藥力較強的藥物，同時使用多藥物的組合，在減少或預防關節損傷方面更有成效。關節損傷若在發病初期出現，情況已不能逆轉，因此快速診斷和及早治療以免病情惡化，至為關鍵。

五、乾燥症候群是常被誤診的自體免疫疾病

　　乾燥症候群（即修格蘭氏症候群）是一種免疫系統出現失調，而攻擊自己身體的疾病。好發於 40 歲 至 50 歲的女性，但男性也有可能。在乾燥症候群中，免疫系統攻擊的是產生潤滑效果的腺體，如唾液腺、淚腺等，導致嘴巴與眼睛的乾燥。除了唾液腺、淚腺之外，乾燥症候群還可能侵犯其他腺體，例如在胃部、胰臟和小腸的腺體，因而造成消化及吸收的異常。另外，也可能侵犯其他需要濕潤的地方，例如鼻腔、喉嚨、呼吸道、皮膚，及陰道，導致鼻黏膜乾燥、慢性咳嗽、皮膚粗糙及性交疼痛等。

　　全世界約有 1%的人得到乾燥症，男女比例為 1:9，可能

和其他典型的自體免疫性疾病同時發生。乾燥症候群需要做下列檢查：（一）淚液分泌試驗（Schirmer's 試驗）；（二）唾液腺功能掃描試驗；（三）抽血檢驗 SSA、SSB 自體免疫抗體、ANA、RF；（四）小唾液腺組織切片。

　　乾燥症候群的治療以減輕症狀為優先，避免長期處於濕度太低的環境中，可以避免乾燥症狀的發生。多喝水或嚼口香糖，可以減緩口乾的症狀。有些眼科醫師用阻塞鼻淚管的方式，來增加淚液在眼睛停留的時間，也可以改善部分病患眼睛乾澀的症狀。此外，含有免疫抑制劑的眼藥水，對於降低淚腺的發炎可能有效，進而改善淚液分泌不足的問題。

六、蕁麻疹的起因大多是出自免疫系統失調

　　蕁麻疹在越高度開發的地區，生活在越優渥環境裡的族群，越多病例。蕁麻疹是種過敏反應而已，雖不是致命的疾病，卻會帶給患者極大的煩惱。有研究指出，同一時間內，全球約有 1%的人受蕁麻疹之苦，出現發癢及紅疹症狀。慢性蕁麻疹有很大的比例，是自體免疫系統出狀況而產生的。

　　慢性蕁麻疹之所以被認為是一種自體免疫疾病所引起的症狀，就是因為沒有明顯的「過敏原」。根據已知的病理機制，包括人體甲狀腺自體產生的「甲狀腺過氧化物酶」（Thyroperoxidase, TPO）是抗原，刺激 IgE 與之作用。此外，肥大細胞若過度敏感，則不待 IgE 連結，就會自行釋放出發炎物質。

　　在目前進步而高度文明生活環境下，人體內病原體的入侵

機率，已大大的降低，人體內準備應戰的 IgE 的數量，也相對的大幅降低。而在肥大細胞表面，原來要結合 IgE 的受體，也顯得英雄無用武之地。當肥大細胞周遭少了 IgE，其受體就自行被肥大細胞吸收掉了。少了受體的肥大細胞就顯得很鈍，也就是說，產生發炎現象的效率會大大的降低。

在 IgE 的數量少到讓受體顯得無用之際，如果突然增加 IgE 的量，即使這些 IgE 沒有帶著抗原，肥大細胞就開始進入準備分泌各種發炎的驅敵物質之戒備狀態，而且肥大細胞的數量也會增加。因此，治療的過程通常要一段時間，治療的過程包括減少 IgE 的產生，也要讓肥大細胞習慣沒有 IgE 的環境。

28

新冠病毒是當前
最熱門公衛話題

一、病毒有何物種特徵

1892 年，伊萬諾夫斯基（Iwanowsky，病毒學之父）在將感染到「鑲嵌（mosaic）病」（也稱花葉病）之煙草葉片磨成汁液後，以細瓷過濾器過濾汁液，因而發現了煙草鑲嵌病毒（tobacco mosaic virus），從此世人才了解「病毒」（virus）及其致病原因。

Virus 一詞來自拉丁語，意思是「黏液」或「毒藥」，中文譯成「病毒」。病毒比細菌還小，所以它們可通過「尚伯朗過濾器」（Chamberland filter，細菌過濾器），因此早期被稱為「過濾性病毒」。

病毒是絕對的細胞內「寄生」的微生物，是介於有生命與無生命之間的活物體，依賴宿主的生化系統來複製繁殖。也就是說，病毒必須寄生在其他生物體內，才有生命活性。當離開宿主時即毫無生命現象，故病毒是介於生物和非生物之間的物質。

病毒分成 RNA 與 DNA 病毒，結構從簡單到複雜。目前為止並未發現同時含有 DNA 和 RNA 的病毒，各種病毒有獨

特性的生物學特性，所以人體對各種病毒的免疫反應不會相同。此外，大部分病毒對宿主具有專一性，意指一種病毒只能感染特定種類的宿主。

病毒的大小差異很大，通常介於 20～300 奈米（nm）之間，必須利用電子顯微鏡才能觀察到。病毒本身僅由蛋白質外殼及核酸（DNA 或 RNA 其中一種）為核心所組成，並不具有細胞核、細胞質、細胞膜、粒線體及核糖體等細胞主要構造。人類經由病毒感染所引起的重要病害，包括流行性感冒、小兒麻痺、水痘、狂犬病、日本腦炎、病毒性肝炎、愛滋病（AIDS）、疱疹、天花、牛痘等。

病毒雖然具有適應環境、繁殖、和進化的生物特質，但卻缺乏通常被認為是生命所必需的其他關鍵特徵（例如細胞結構、新陳代謝等），是處於活體與非活體之間的「生命邊緣生物」。病毒既然沒有生命，因此嚴格來說，「殺死」病毒是沒有意義的；我們只能說「破壞其化學結構」，使其失去感染的活性。抗生素是透過破壞代謝過程，來殺死或抑制特定的細菌，但因為病毒不具代謝功能，而是利用宿主細胞來為其繁殖，故抗生素對病毒是束手無策的。

二、病毒感染人類之途徑及致病性

由於人體的皮膚對病毒的侵入有保護作用，所以病毒要入侵人體的途徑，通常是經由黏膜組織而感染，例如口腔、鼻腔、消化道等黏膜組織。病毒首先附著於黏膜細胞表面而進入細胞內，接著除去蛋白質外殼，只剩核酸。當病毒的「基因」

開始作用，即可抑制人體細胞的正常生長，並經由人體細胞來「合成」病毒的核酸與蛋白質，進而組成新病毒且大量增值。

在感染後，人體細胞可能遭受破壞，同時釋出所增殖的病毒。而釋出的病毒，可再感染另一完整的細胞，並使人體產生致病症狀。典型的病毒必須先能感染人體細胞，不同病毒之所以會感染不同的人體細胞，主要的原因就是病毒必須與細胞上的特異性病毒「受體」結合後，才能入侵宿主細胞，所以病毒會嗜好特定的細胞。

病毒在人體細胞膜上的目標受體不同，所感染到的細胞類型也會不同。例如引起愛滋病的人類免疫缺陷病毒（HIV），受體是 CD4，所感染細胞類型只有表現 CD4 的輔助型 T 細胞，另「第四型人類皰疹」（Epstein-Barr, EB）病毒，則是 CR2（II 型補體受體），主要是感染 B 細胞。

不到 1%的細菌會引起人類疾病，但大多數病毒都會對人體特定某一器官（如肝臟或呼吸系統）引起疾病。病毒和細菌都是人體免疫系統試圖清除的外來病原體，感染所造成的反應相似；細菌和病毒感染所引起的症狀，都非常相似，如咳嗽、打噴嚏、發燒、發炎、嘔吐、腹瀉、疲勞、抽筋等。

病毒常可導致人體（宿主）死亡，這在進化論中是違反了「適者生存」之原則；宿主死了，自己不也跟著滅亡嗎？一個致死率很高的新病毒，一般都是從其他動物傳給人類的「外來物」；為了生存，它們終將在人類中，慢慢進化演變成致死率較低的病毒。從病毒本身的角度來看，理想的感染應是幾乎無症狀的感染，使人體在不知不覺地，提供無限制的庇護和營養。

三、令人聞之喪膽之冠狀病毒的主要特徵

冠狀病毒（coronavirus）是一種在動物與人類之間傳播的人畜共通 RNA 病毒。在電子顯微鏡下呈現球狀或橢圓形狀，因外觀具有囊狀膠原纖維突出，形似皇冠狀，因而稱為冠狀病毒。根據國際病毒學分類委員會（International Committee on Taxonomy of Viruses, ICTV），冠狀病毒分為四個屬：α、β、γ和 δ。SARS 及 MERS 是 β-冠狀病毒，它們都僅感染哺乳動物。γ- 冠狀病毒和 δ- 冠狀病毒主要感染鳥類，但其中一些也可以感染哺乳動物。

冠狀病毒的基因體大小在 26,000～32,000 個鹼基對（base pairs），是基因體規模最大的一類 RNA 病毒。冠狀病毒主要具有四種結構蛋白，包括棘狀蛋白（spike glycoprotein，S 蛋白）、醣膜蛋白（membrane glycoprotein，M 蛋白）、包膜（套膜）蛋白（envelope small membrane protein，E 蛋白）、核殼蛋白（nucleocapsid phosphoprotein，N 蛋白）四種蛋白，構成冠狀病毒的結構。這些蛋白不僅協助病毒體的組裝，也可抑制人體的免疫反應，以促進病毒複製。

四、人體 ACE2 受體是感染冠狀病毒之關鍵

ACE2 的原文為 angiotensin-converting enzyme 2（簡稱為 ACE2），中文名稱為「血管收縮（或稱張力）素轉化酶2」。ACE2 基因位於 X 染色體上，透過「清除」讓血管加壓的 Angiotensin II（血管張力素 II），來讓血管得以舒張，負責穩定血壓與內分泌等功能。人體的 ACE2 受體，為新冠病毒進

入人體細胞的大門，一般冠狀病毒都必須結合 ACE2 受體後，才能進到細胞內大量複製增殖，產生致病及傳染力。

　　人類 ACE2 的基因變異，可能使病毒更容易或者也會更難進入細胞。這或許可解釋，在同個曝露病毒環境下，為什麼有些人容易被感染？有些人卻沒事？也就是，人體 ACE2 的表現程度，與新冠病毒的感染有正相關。因此，在疫情嚴重時也可透過基因檢測，了解自己先天的 ACE2 表現量如何。每個人的基因差異，影響先天 ACE2 表現量有高與低的差異程度。

　　日本慶應大學、京都大學等八所研究機構組成的研究團隊，針對 2,400 名確診新冠肺炎的患者，收集不同血液後進行基因分析，發現是否會重症，跟免疫功能的基因 DOCK2（dedicator of cytokinesis 2）有關。

五、新冠病毒變異快速之特性

　　新冠病毒表面的 S 蛋白，如何與人類 ACE2 進行結合？和以前 SARS 病毒比起來，這次新冠病毒與 ACE2 受體的結合能力究竟又是如何？在過去對抗 SARS 的治病辦法，對這次新冠病毒會失效，即因新冠病毒的受體結合力，要強於 SARS 病毒很多。儘管新冠病毒的受體與 SARS 病毒受體的結構，存在很高的相似性，但一些關鍵的變異，讓新冠病毒擁有更強的受體結合能力。雖然變種的 RNA 不斷出現，但它們也可能會自然演變消失不見；但也有少數的變種病毒，「偶然」讓該病毒株增加繁殖力。尤其當環境改變，這些變種基因可以適應得更好的時候，這些變種會成為主流，取代原先的病毒株。

　　過去，並不是每種病毒都會不斷地變異，故有些疫苗可以使用幾十年而不變，例如小兒麻痺疫苗，從 1960 年代使用至今，一直都還有效，麻疹疫苗也是同樣情形。幾十年期間有很多變種的小兒麻痺或麻疹病毒被分離出來，都沒有影響疫苗的功效，可見變異雖是 RNA 病毒的常態，也不一定對疫苗會有失效的影響。

　　此外，病毒是最簡單的生命體，它只有簡單少數幾個基因，冠狀病毒雖然是最大的 RNA 病毒，也只有二十幾個基因，而人體細胞有近三萬個基因。病毒自我獨立生存的條件不夠，必須寄生在動植物的宿主細胞形成一個生命共同體，因此病毒對人類的毒性逐漸減低，會有利其生存。自然界病毒變種的方向，大部分是會逐漸減低對宿主的毒性，而演變成和平共存的狀態。

六、結語

　　病毒有其致病性的一面，但病毒也被視為自然界的「基因運輸」高手。病毒的身軀很小，結構很簡單，所能內置的遺傳訊息不多，但病毒的強大寄生能力讓它的威力大增；病毒可將自己的遺傳訊息嵌入到宿主細胞中，由宿主細胞來幫助作繁殖。如果病毒經過改良，不再具有致病性，讓病毒攜帶目標基因，就可以達到「基因引入」之基因治療的目的。

　　例如，經過改良的病毒可攜帶重症之先天免疫缺陷病患所欠缺的正常基因，若能順利為患者補上，則原本因喪失免疫功能只能生活在封閉氣泡艙裡的患者，就得以像正常人一樣生活。

29

從新冠病毒疫情
認識細胞激素的致命性

一、細胞激素運作之特性

　　細胞激素（cytokine，又被稱為細胞因子、細胞素、細胞介素），是一種蛋白質、多肽，在人體中作為訊號蛋白。每個細胞激素可與其特異的目標細胞之表面「受體」結合，並由此引起細胞內訊號傳遞，並且因而可能會改變細胞功能。這包括上調或下調幾個基因的轉錄及其轉錄因子，從而導致細胞內其他細胞激素的產生、細胞表面受體分子的增加，甚或抑制其自身的某些作用。

　　細胞激素會因應病毒等微生物的入侵而隨之產生，但是細胞激素分成許多種，有些會促使或抑制其他細胞激素的分泌，具有調控功能，而不同細胞激素也各自有不同作用的對象，具有「多效性」。一個細胞激素可以作用在不止一個對象上，而且作用在不同的對象會引起不同的反應；其又具有「重複性」，不同的細胞激素，會有相似或是相同的功能。

　　細胞激素作用的方式可分為地域性或系統性，可以是自分泌（autocrine）、旁分泌（paracrine）或是內分泌（endocrine），因此功能上可被歸納為以下三種：（一）自分泌：細胞激素作

用於釋放它自身的細胞當中。（二）旁分泌：細胞激素作用於相鄰的細胞上。（三）內分泌：細胞激素擴散到遠處的區域（通過血液）來影響不同組織。

二、免疫系統是如何運作細胞激素

免疫系統就如同軍隊，有不同的分工，有的負責攻擊入侵者，有的負責內勤補給，有的是負責傳遞消息。但這些分工，必須被適當的調控，才不會產生差錯，導致攻擊錯目標，打到自己人，產生自體免疫疾病；或是讓侵入者從眼皮下溜過，形成「免疫耐受性」；甚至毫無節制攻擊自身，造成「免疫風暴」，使自身組織器官遭受重大損害。

在免疫系統擔任傳令兵角色的細胞激素，是細胞分泌的小分子蛋白質，大部分皆是水溶性，具有調控細胞與細胞間的作用。作為訊號的傳遞者，當細胞接受到細胞激素的訊號時，可能會進行活化、分化、複製、凋亡、趨化及發炎反應。

細胞激素風暴的起因，就是當免疫系統對抗病原體時，細胞激素會向免疫細胞（例如 T 細胞和巨噬細胞）發出信號，要求它們迅速前往感染部位，更激活這些細胞，使它們產生更多的細胞激素。通常，這個反饋回路，身體本身是可控制性的。然而，在某些情況下，免疫反應變得無法控制，太多的免疫細胞在單一的地方被激活。這常是由於免疫系統遇到新的高致病性入侵者時，反應過度所致。

三、為何免疫力過強常是新冠肺炎患者主要致死因素

在疫情嚴重時，受到新冠肺炎病毒感染的老年人，常會因免疫力較弱而併發重症。而中壯年若染到新冠病毒，也可能會引發重症，其原因不是因為缺乏免疫力，而是免疫力太強。這在醫學上稱為「細胞激素風暴」，這是一種不適當的免疫反應；免疫系統在跟入侵的病毒作戰時過度的反應與攻擊，釋放出大量發炎因子，傷害到肺部等正常組織，因而引起呼吸窘迫。而且，發炎因子會隨血液流到其他器官，引起多重器官衰竭，此時只能靠支持性療法支撐生命。當呼吸衰竭，就需插管接呼吸器，或使用葉克膜讓肺部休息，等待「風暴」過去。

不是對抗所有疾病都要免疫力越強越好，也可能會適得其反，若是出現免疫系統過度反應，嚴重會導致患者死亡。國際上很多例新冠病毒肺炎患者，忽然撲倒過世，非常可能就是發炎因子隨著血液來到各個器官，引起心臟衰竭而死。也就是真正致死的原因，並不是病毒的作用，而是自己的免疫系統過度反應。對於所有病毒醫療對策，都想要靠「增加免疫力」來對抗，這個觀念是要適度調整。

是否在第一時間就一定要用類固醇來壓制免疫系統不要發炎？其實這時候身體正在嘗試壓制病毒，因此在初期，往往適當的發燒未必是壞事。如果前期過早以外力強制壓抑免疫反應，到後面若是病毒壓不住，可能自己的免疫系統會因進一步的過度激化，導致多重器官壞死。

四、免疫系統過度發炎反應之現象說明

　　過去常在媒體聽聞的細胞激素風暴，即是指人體感染外來微生物後，人體內多種細胞激素的迅速大量產生的現象。這即是因大量的病菌感染，會觸發了人類免疫系統的「自殺式攻擊」。這次新冠肺炎最常致死的，常是人體免疫系統募集來大量的免疫細胞，不僅殺死新冠病毒，更殺死肺部的大量正常細胞，嚴重損害肺的功能，病患會呼吸衰竭，直到死於缺氧。

　　有很多案例可發現，當肺部細胞受到新冠病毒感染而出現發炎反應，大量發炎因子使血管通透性增加、血漿滲入組織中，造成肺積水。再加上蜂擁而來的白血球，無差別攻擊受感染及健康的肺泡，其再分泌更多的細胞激素，會呼喚更多白血球前來，惡性循環之下即會形成細胞激素風暴，讓肺泡細胞受到嚴重損害，導致病人嚴重呼吸困難。

　　從各國新冠病毒感染個案報告顯示，患者除了以呼吸道症狀為主外，也有少數病患出現腦部傷害之中樞神經系統受影響的臨床表現。許多死亡案例發現有急性壞死性腦病變，而極可能與感染上此病毒有關。急性壞死性腦病變（ANE）為罕見的腦病變類型，為進展快速且死亡率、殘疾率皆極高的急症。亦即此波新冠病毒引發的免疫系統過度活化，也可能導致原本可保護腦部免受病毒感染的「血腦障壁」，遭受到破壞。ANE併發症的殺傷力不亞於嚴重肺炎，若未立即治療，會引發昏迷與神經功能缺損。

五、人體免疫功能平衡之重要性

　　無論是免疫功能低下和免疫功能亢進，都可能帶來危險。只有當身體產生的發炎反應和控制發炎反應的兩股力量平衡，免疫功能才能正常發揮並殺死病毒。

　　有些人之所以會出現免疫功能亢進，也可能是有遺傳因素存在。例如有些人丙型干擾素基因有缺陷，導致干擾素容易過度產生。還有人易產生大量的介白素、腫瘤壞死因子、趨化因子等。這些細胞激素都有極強的殺死病毒能力，如果產生過多，可能對肺臟、腎臟和心臟等全身器官造成嚴重傷害。所以在疫情嚴重時，為何同時感染的人中，有人根本沒事，有人撐不住掛掉。這或許可說適者生存，不適者淘汰的自然法則。

　　人體內也有許多原因，也會導致「細胞激素風暴」的發生，尤其本書前面多次提及的異體移植手術，也會產生的移植物和宿主的排斥現象（GVHD）。為了避免強烈的發炎反應，醫學上會嘗試各種方法在急性發炎反應發生時，抑制發炎性細胞激素的分泌，以免人體因為劇烈的發炎反應而受到傷害，嚴重者因為全身性血管擴張而發生休克。所以，如何有效的控制人體發炎反應的技術，是醫學上器官移植主要解決的課題。

　　對新冠病毒的發炎反應，現有的類固醇消炎效果在臨床上還是很好的。而且，也不能完全抑制發炎，沒有細胞激素也不行，因為入侵的病原體，還是需要免疫細胞來對付。在各種細胞激素裡，發炎因子跟趨化因子是造成細胞激素風暴的主因，而干擾素不會引起發炎，可以抑制病毒複製。因此治療上的重點，常是抑制發炎因子及趨化因子，但同時也不要影響干擾素分泌，以避免削弱患者抵抗力。

30

病毒感染與
免疫系統的對抗

一、病毒進入人體之致病過程

不同的病毒引起的免疫反應不同，近年來的新冠疫情和過去的 SARS 及 MERS 相比，現在的新冠病毒影響人類程度遠遠超過以前的病毒。為建立有效的治療策略，必須更「了解」病毒在人體免疫系統內部互動機制。近年來各國大力發展的幹細胞及免疫細胞療法，除了在再生醫學及解決癌症問題外，對新冠病毒疫情的解決也已有所貢獻。

一般病毒在人體內的傳播方式，主要有以下三種：（一）局部擴散：病毒僅向入侵部位臨近的組織傳播。（二）經由血液傳播：病毒由局部增殖引發「病毒血症」，經由血液來擴散。（三）神經擴散：病毒感染外圍的組織，經由神經纖維來散播。

至於病毒的致病性，主要有下列四種情況：

（一）病毒對人體細胞的直接損傷

病毒在人體細胞內增殖，可導致人體細胞裂解死亡。這大多見於「無」包膜（envelope，也稱套膜）的病毒，其機制如下：(1)病毒短時間內大量增殖，產生大量子代病毒。(2)病毒

抑制人體細胞分子的合成，而使代謝紊亂。(3)破壞人體細胞的「溶酶體」（lysosome）使其釋放水解酶，細胞就會被分解。(4)病毒毒性誘導細胞凋亡。

（二）使細胞膜結構與功能的改變

有些病毒在人體細胞內增殖，以「出芽」方式逐個釋放出來，並不會破壞細胞，受到感染的細胞仍可分裂繁殖。此大多見於如新冠、流感、愛滋病毒等有「包膜」的病毒。無包膜的病毒在宿主細胞內完成複製後，需要細胞死亡、裂解後，才能逸出，再感染其他細胞；而有包膜的病毒，包膜可與宿主細胞膜融合後再進出，不需要造成細胞死亡。但即使如此也會引起人體細胞膜的改變，如細胞膜通透性異常，影響細胞內外的離子平衡、營養的攝取和廢物的排出。

（三）發生細胞轉化作用

某些病毒在感染之後，會將其核酸與細胞的染色體整合，而引起細胞某些遺傳性狀的改變，稱為「細胞轉化」（transformation），發生惡性轉化，會導致細胞癌變。癌症的發生有少部分是因此而發生。

（四）形成包涵體之感染

某些病毒在細胞內增殖之後，細胞質或細胞核內會形成圓形或橢圓形的斑塊狀結構，即包涵體（inclusion bodies），是由病毒顆粒和未組裝的病毒成分所組成，是病毒增殖留下的痕跡。根據包涵體的型態、部位、染色性（嗜酸性或嗜鹼性），可幫助診斷某些病毒性疾病。包涵體會破壞人體細胞的正常結構和功能，有時還會引起細胞的死亡。

病毒感染對人體免疫系統的損傷，主要包括對體液及細胞

免疫的損傷，以及會抑制人體免疫功能。HIV 病毒對輔助型 T
細胞的破壞，會使後者數目減少，引起「獲得性免疫缺陷症候
群」（即愛滋病）。

二、體液性免疫中的中和抗體機制

在體液性免疫中，主要經由所謂「中和抗體」與病毒結
合，並使之失去感染性。例如中和抗體可與病毒表面的包膜蛋
白或核殼蛋白結合，而阻止病毒對人體細胞表面的「吸附」。
中和抗體與病毒形成的「免疫複合物」（抗原抗體複合體），
會被巨噬細胞吞噬「清除」。

病毒主要靠棘狀蛋白上的「受體結合域」（RBD），與
人體細胞受體結合而進入人體細胞。因此，中和抗體需具有能
力抓住受體結合域，而阻止病毒進入人體細胞。也可說，中和
抗體藉由阻止病毒進入人體細胞，來「中和」病毒的毒害能
力。中和抗體無法消滅病毒，但能與棘蛋白上的受體結合域結
合，致使病毒無法進入人體細胞，失去感染力，故稱為「中
和」。

中和抗體的主要類型包括 IgG（免疫球蛋白 G）、IgM
（免疫球蛋白 M），及分泌型 IgA。IgG 是在感染後較晚出
現，但持續時間較長，且中和功能較強，是主要的中和抗體。
IgG 的相對分子較小，其經由胎盤可進入胎兒的血液循環，使
新生兒自然被動免疫。

IgM 則具有阻礙病毒擴散的功能，其中和功能比 IgG 弱，
但啟動「補體」的能力比 IgG 強。IgM 出現較早、持續時間

短，是「近期」有感染的診斷依據。

分泌型 IgA 比 IgM 稍晚出現，存在於黏膜分泌液中，是抵抗呼吸道和消化道病毒入侵的重要抗體。分泌型 IgA（sIgA）即是黏膜表面主要的中和抗體，當口服沙賓疫苗時，會誘導黏膜產生分泌性 IgA，即可中和小兒麻痺病毒。

在中和作用之下，中和抗體只要結合在病毒包膜（有些病毒無包膜）或在裡面的衣殼（也稱核殼或核衣殼，能與核酸結合，有保護核酸的作用）上的抗原，就可以阻斷病毒對人體細胞的吸附和入侵。但中和作用並不會殺滅病毒，只是使病毒失去活性，仍須巨噬細胞吞噬此抗體與病毒的複合物而清除之。

除了中和作用，抗體在後天性免疫中，也具有「調理」作用。當病毒還在細胞外時，抗體即可進行「中和」及「調理」作用，有效地對抗病毒，阻止病毒入侵未被感染的細胞，阻止病毒的擴散。所謂「調理」作用，是指病毒上的抗原，或被病毒感染的細胞之表面所表現出病毒的抗原，人體 B 細胞產生的抗體與這些抗原結合後，抗體的「Fc 段」會執行激活「補體系統」的功能直接殺死病毒，或促進對被病毒感染細胞的「吞噬」作用。

近年來新冠肺炎疫情嚴重，使媒體上對「中和抗體」名詞大量出現，只是一般人對此認識不足，而常誤以「綜合抗體」之稱。

三、人體免疫系統主要如何應對病毒入侵

先天及後天免疫系統如何對抗病毒？就非特異性的先天免

疫反應而言，主要是 NK 細胞。在病毒感染的早期，特異性免疫反應尚未形成之前，NK 細胞可以非特異性地透過釋放穿孔素、TNF，發揮毒殺被感染細胞的功能。

此外，身體有多種細胞在受到病毒刺激之後，所產生的干擾素具有抗病毒的功能。由 α（白血球產生）及 β（纖維母細胞產生）構成的第 I 型干擾素，其抗病毒功能較強；由 T 細胞產生的第 II 型干擾素，則免疫調節功能較強，可間接抑制病毒複製。干擾素抗病毒功能的特點：（一）廣譜性：干擾素對所有病毒均有相當程度的抑制功能。（二）間接性：干擾素不直接發生作用於病毒，而是透過誘導細胞產生抗病毒蛋白，間接發揮抗病毒的功能。

目前許多干擾素和干擾素誘生劑已經用於病毒感染的治療，尤其近幾年來藥廠採用 DNA 重組技術，大量生產干擾素。

在後天性免疫系統的特異性體液免疫方面，「中和」抗體能與游離的病毒「結合」，而消除了病毒的感染力，以阻止病毒擴散。IgG、IgM、IgA 都有中和抗體的活性，可以進行以下機制：（一）直接「封閉」病毒，阻止病毒的吸附及侵入人體易感染的細胞。（二）病毒與中和抗體形成的「免疫複合體」，被巨噬細胞吞噬清除。（三）抗體與包膜病毒結合啟動補體系統致使病毒裂解。

其實，對於已侵入細胞內的病毒，人體主要仍是依賴免疫細胞予以清除。毒殺型 T 細胞（CTL）可毒殺受感染細胞，以清除胞內的病毒，是終止病毒感染的主要機制。另外，CD4 輔助型 Th1 細胞可釋放 IL-2、TNF-β、IFN-γ 等細胞激素，啟動

巨噬細胞和 NK 細胞，誘發發炎反應，並促進 CTL 的增殖。

全身性補體系統激活後，也加入抗病毒戰鬥。抗體在捕捉病毒後，會喚醒存在血液中「補體」的蛋白質群。補體是「輔佐抗體」發揮功能的蛋白質。

當抗體一逮到病毒後，首先會喚醒「補體第一成分」（C1）。所謂的 C，是「complement」（意思就是補體）。接著 C1 會喚醒它下面的「第四成分」（C4）。蓄勢待發的 C4 會接著喚醒「第二成分」（C2），逐漸產生骨牌效應。不久之後，補體的第三成分（C3）會分解為 C3a 和 C3b。補體的第五成分（C5）也會分解為 C5a 和 C5b。

另外，對巨噬細胞而言，就如經過被抗體「調理」後的病毒比較容易吞噬一樣，經過 C3b「調理」後，巨噬細胞也比較容易發揮吞噬（有標記功能）作用。

最後，C5b 與 C6、C7、C8、C9 一連串互動形成所謂「膜攻擊複合體」（MAC），這個能夠在病毒表面「鑽孔」的「裝置」完成後，骨牌效應也宣告結束。補體就能夠完全消滅病毒了。C9 在結構上及功能上和穿孔素相同。

四、人體對抗病毒時無法避免的常見問題

被病毒感染後，身體會啟動抗病毒的免疫反應，但有時不能有效的清除病毒，更甚者會造成身體的損傷。這常可分成下列幾種情況：

（一）病毒與抗體形成免疫複合體的累積造成損傷

人體對病毒所產生的相應抗體，在慢性持續感染及無效抗

體大量存在時，會使血液循環中的「免疫複合體」持續增加，逐漸累積沉積於血管壁、組織和器官，長期性激發發炎反應而造成組織損傷。

（二）毒殺型 T 細胞的過度反應

病毒感染後，毒殺型 T 細胞會對病毒感染的細胞產生毒殺作用。例如，B 型肝炎病毒會感染肝細胞，其會激活毒殺型 T 細胞的活性，會使肝細胞大量死亡。

（三）病毒長期存在於感染的免疫細胞

有些病毒感染後，無限期存在於免疫系統裡的免疫細胞，當病毒不活動時，就隱匿在免疫細胞內。當病毒因某種原因激活時，發生大量複製，接著又感染其他免疫細胞，如此重複受感染的免疫細胞會大量死亡，而會造成免疫缺陷疾病，例如AIDS（愛滋病）。

五、病毒會利用遺傳物質突變來改變抗原結構

病毒因為缺乏校正複製錯誤的系統，所以會在不斷複製後累積眾多的突變，尤其是 RNA 病毒。若以愛滋病毒為例，其具有抗原性的表面分子隨機突變，產生新的病毒株。舊的病毒株所產生的抗體，會使舊的病毒株被抑制，但接著又傳來新的優勢病毒株；雖然會再次針對優勢病毒株作免疫反應，但同時更新的變種病毒又產生。甚至越強的免疫反應，只會產生更多的變異病毒株，而使病毒逃脫人體的免疫監視。

至於若二種類型的病毒，互相交換遺傳物質，則稱為「遺傳轉換」（genetic shift）。以流感病毒為例，來自不同物種

（禽類、豬、人）的流感病毒，感染同一種細胞時，會發生不同物種間，流感病毒遺傳物質的交換，進而產生雜種病毒，這種雜種病毒有時是相當高毒力的病毒株。

流感病毒除了可因「複製錯誤」，而產生變種之外，還有另一個特別的機制，因它的 RNA 係由八段組成，每段 RNA 可以在兩個病毒之間自由交換，如此就可以快速地產生變種，所以流感病毒變異的速度非常快，每年流感病毒的種類都不一樣，因此每年必須要打新的疫苗，這就是所謂的「流感化」。

目前流行的新冠病毒常會變種，就是因為其是 RNA 病毒。RNA 越長，複製錯誤的機會越多，變種的機會也越多。冠狀病毒所有的基因都含在一整片 RNA 內，它有三萬個鹼基，是自然界最長的 RNA。冠狀病毒在 RNA 複製時，其基因不分開，所以變異性會比流感病毒低。冠狀病毒還有一個特性，即它會有另類的基因再組合現象（RNA-recombination）。假如一個細胞被兩種冠狀病毒感染時，所產生的新種 RNA，就兼具這兩個病毒的特質，這就是指，冠狀病毒能夠把別的動物或其他病毒的基因，嵌入本身的 RNA 的機制。但這個機制也有其校正功能，可以將正確的基因取代錯誤的 RNA。這些不同機制互相作用的結果，冠狀病毒就能夠維持基因的穩定性，同時又繼續發生基因的演化。

六、病毒重複感染會有加重病情作用

登革病毒分四種血清型，患者感染過某一血清型的病毒，雖然能對這型病毒終生免疫，但對於其他型卻只有「短暫」免

疫力。而且時間一過，抗體甚至會結合成「病毒-抗體免疫複合體」，會讓病毒「更容易」結合巨噬細胞表面的受體，進入該細胞內部。這種抗體反會用來「協助」病毒入侵的現象，被稱作「抗體依賴性增強」（antibody dependent enhancement, ADE）作用。

在這次新冠肺炎疫情中，許多已感染病患在出院後，再次被檢測出新冠病毒檢測結果呈陽性。通常正在康復的患者會產生特定的抗體，使他們對病毒產生免疫力，但是不能排除再次感染的可能性，只不過症狀可能沒有那麼嚴重。但也可能相反，反而會有「抗體依賴性增強」（ADE）的可能性，在相應抗體協助下，複製或感染能力顯著增強的現象。如果病毒具有這種特性，意味著患者再次感染後，可能症狀會加重。

為何會有 ADE 發生，即因抗體中和能力不佳，病毒沒被解決，反而透過抗體的 Fc 段與免疫細胞表面的對應受體結合，使病毒得以進入免疫細胞內複製增殖。此種機制在登革熱病毒感染中，即有感染過的患者若再被另一亞型的登革熱感染，會依之前的免疫記憶產生中和能力較低的抗體，而發生 ADE 效應。2019 年新冠病毒疫苗開發過程中曾在動物實驗發現此種 ADE 現象，而成為反疫苗活動者以此為拒打的理由。

七、新冠肺炎疫情下的藥物開發急切性

新冠病毒的感染，就像流感病毒感染一樣，是短期的。一般會在兩周左右的時間內康復，感染持續的時間非常短。因此，在新冠肺炎還沒有一種很有效藥物上市之前，多採舊藥新

治，轉換舊藥的用途，用來治療新冠病毒。

中國大陸最早在武漢的診治過程中，先使用以往用於抗愛滋病的藥物克力芝，其對新冠病毒即有一定療效。克力芝是美國著名製藥公司艾柏惟（AbbVie）公司生產的愛滋病抗反轉錄病毒藥物，它可以阻斷某些病毒複製所需的酵素。

美國吉利德（Gilead）公司的瑞德西韋（Remdesivir）藥品，原是針對伊波拉（Ebola）病毒而開發的，並早已針對伊波拉病毒進行了人體測試，發現它是有點用，但不如其他抗體藥物那麼好用。但是對 MERS 病毒，在動物實驗顯示有積極療效。因此，在此次疫情爆發後，立即直接進行跳過正規、冗長人體試驗，供各國緊急使用，但經大量使用後證明效果有限。

病毒入侵人體後，會影響細胞激素分泌，造成免疫系統過度反應而引發免疫風暴，猶如自己拿刀捅自己。氫氯奎寧具有免疫調節作用，即被各國廣泛使用在輕症患者身上，可使免疫系統獲得適當調節，讓病況獲得控制。但其抑制冠狀病毒複製成效，仍是有限。氫氯奎寧是臨床使用多年的藥物，安全性相對高，而為醫師臨床上常規使用。但若用在重症患者身上，因這些重症個案本身狀況太嚴重，而導致療效有限。

病毒與人體細胞結合後，在人體內不斷複製，因此藥物研發重點就是要「反制」，嘗試從病毒入侵人體後的幾個重要「標的」下手，阻斷病毒的複製機制，避免其在人體內持續生長壯大，並增強體內的抗體，讓人體順利消滅病毒；以及當免疫系統與病毒對抗過程中，若失控自傷時，可以適時壓制住過激的免疫反應。

八、阻止病毒在體內複製是口服藥物開發的首要目標

　　抗新冠病毒藥物的研發，主要是就從病毒在體內複製的過程中，找出幾個環節來加以阻止，包括：（一）抑制負責切割的「蛋白酶」；（二）抑制「複製酶」（RNA-dependent RNA polymerase, RdRp）；（三）透過核苷酸化合物來阻止基因複製。

　　抑制具切割功能的蛋白酶活性之藥物；由輝瑞所研發的口服藥 Paxlovid 即屬此類。其是輝瑞自 2020 年 3 月研發的新藥，是將輝瑞最早用於研發 SARS 治療藥物的 PF-07321332，與一款抗 HIV 老藥「利托那韋」（Ritonavir）併用的蛋白酶抑制劑。Paxlovid 於 2021 年 9 月進入臨床第二／三期試驗，11 月輝瑞即發布臨床試驗成果，可以使具高風險因子的染疫成人，大幅降低 89%的住院率及死亡率，被認為對變種病毒 Omicron 有效，最終於 12 月通過美國 EUA，超過莫納皮拉韋，成為第一款通過 EUA 的抗病毒口服藥物。

　　另一類藥物則是抑制「複製酶」。如羅氏所研發的 AT-527，就是屬於 RNA 聚合酶（RdRp）抑制劑。至於默沙東（Merck）的莫納皮拉韋（Molnupiravir）則是一種核苷酸化合物，會讓病毒 RNA 在複製時出錯，其為流感新藥，已證實對流感有效，期中分析結果認為可降低輕症患者住院與死亡率，美國於 2021 年 12 月宣布通過緊急授權。

　　當接種疫苗後仍被感染的比例依然高時，這時就需要口服抗病毒藥物的協助，可以讓病患儘早服藥；只要病毒量降低，就能減少傳播的機會，也可以阻止病人變重症。不過當病毒不斷變異，藥物就更難對症下藥。此外，如果用藥量太大，也可

能讓病毒產生抗藥性，被訓練成可以抵抗藥物、更強大的病毒，因此也須謹慎使用抗病毒藥物。

九、抗體藥物仍是對抗病毒的有效武器之一

　　人體的免疫系統針對曾經交手過的病毒或是打過疫苗，都會產生對抗這個病毒的專一性防禦力（即抗體）。抗體有記憶性，病毒再次入侵時，就會啟動免疫反應。單株抗體藥物就是快速補充抗體的外援兵力；病毒透過棘蛋白上的「受體結合域」（RBD）與人體的 ACE2 相結合，故 RBD 這個位置就成為抗體阻止病毒進入細胞的重要標的。

　　單株抗體會卡在病毒的每一個 RBD 上，不讓病毒進入人體細胞；一旦病毒入侵後，人體內會產生各式各樣的抗體來對抗。從痊癒者血清中，可以找到絕佳中和能力的抗體，可進一步量產為「單株抗體」藥物，這些外來的抗體軍隊，可以跟病毒棘狀蛋白的 RBD 結合，使病毒被阻擋在人體細胞之外。但由於病毒的棘狀蛋白容易突變，因此單株抗體也很容易失敗，故治療時常會採用雞尾酒療法，同時使用兩種以上單株抗體以加強療效。

　　AZ 公司的雙抗體 AZD7442（Tixagevimab+Cilgavimab），是美國 EUA 通過首項新冠病毒「暴露前」的預防性抗體療法，其是透過純化技術，將痊癒者血液中的 B 細胞，分析出哪一種抗體可以對抗病毒進入細胞，只要找出哪一個 B 細胞製造的抗體最能對抗病毒，就可以大量製造有效抗體，製備成「單株抗體」，以靜脈注射方式打入感染者體內。此種靜脈注

射針劑，一般使用時機是發病初期、病情不嚴重、病毒量不高時使用。

　　台灣疫情指揮中心在治療指引中即明列再生元（Regeneron）的雙抗體 Casirivimab + Imdevimab，也可用在嚴重肺炎以上程度患者，可以降低死亡率。因為病毒不斷突變，如果突變位點剛好讓選用的抗體無法辨認，單株抗體就會失效。過去有數款單株抗體被證實無效，因此常採多款單株抗體「雞尾酒療法」使用。而 2021 年 11 月新變種病毒 Omicron 出現，對抗體治療造成很大的影響。美國及台灣最普遍使用的兩家單株抗體「禮來／君實雙抗體 Bamlanivimab+Etesevimab」、「再生元 Regeneron 雙抗體 Casirivimab+Imdevimab」，都被證實對 Omicron 的效用有限。此外，單株抗體無法大量被使用，主因其是一種生物製劑，價格甚高，一劑約千元美元起跳，若混合使用，一般民眾難以負擔。

十、在免疫系統過度反應時傳統的抑制性治療仍為主力

　　在病毒入侵第一時間，基本上，人體受感染的細胞及免疫細胞都會分泌干擾素來消滅病毒，也會啟動促發炎的細胞激素。假如干擾素能讓病毒量減少，發炎反應也會較小。這整個機制隨時都在動態平衡，也是人體基本的防禦體制，屬於先天性免疫系統。

　　免疫細胞一邊對抗病毒，但一邊也會釋出細胞激素，來活化毒殺型 T 細胞來釋放毒素、消滅病毒；B 細胞也會分泌抗體來中和病毒。一般來說，作為先鋒的免疫細胞可能效果不強，

但至少能在第一時間抵擋病毒侵害，爭取時間讓 T 細胞、B 細胞完備。所謂的「疫苗」，是後天性免疫活化 T 細胞與 B 細胞，讓病毒未入侵時，人體內已有記憶型免疫細胞，可以直接消滅病毒。

然而，前期的免疫細胞與病毒對抗上，往往力量不夠，病毒依然在不斷侵入人體細胞，而 T 細胞、B 細胞也還沒有完備，因此時常細胞激素就會失控而過度分泌，造成過度發炎，免疫系統會造成自傷，若是過重打擊即造成重症。

因此，當免疫系統失控、造成過度發炎時，藥物治療上就不是針對病毒本身，而是先利用免疫抑制劑、類固醇等藥物，來控制人體的免疫系統，降低細胞激素，讓過激的免疫反應回歸正常，不再自傷。類固醇屬於普遍的免疫疾病治療藥物，從輕症到重症都可使用，免疫抑制劑則多為類風濕關節炎藥物。

此類藥物是用來抑制人體過激的免疫反應，都不是針對「病毒」本身。由於是針對身體的免疫反應投藥，因此不需要完全針對病毒量身打造，故也是目前 COVID-19 的藥物中，最有效的類型。

十一、面對新冠病毒流感化的總結

前述的藥物（抗病毒藥物、單株抗體）都是在病毒感染初期，阻止病毒在體內持續複製的治療方式，因此是「以輕症治療，避免情況惡化」為主。這跟接種疫苗的效果不同，疫苗可以提供第一層的保護，有效降低感染病毒後轉重症的風險，但接種疫苗仍有一定比例的民眾會感染病毒。口服的抗病毒藥物

仍是最方便的治療方式，一旦驗出陽性，馬上吃藥，可以降低病毒量，也不用住院，佔用醫療資源；也許 5 天之後再驗一次，如果 Ct 值高、超過 30 多，就沒有傳染力，如果還是陽性（有傳染力），那就再使用單價較高的單株抗體。

　　當病人血氧濃度下降到 94%，或需要供氧治療，代表病患已從輕症走向惡化，甚至會轉為重症，此時醫師就會決定是否使用類固醇及免疫抑制劑。當病程走向重症，患者出現免疫系統過激的細胞風暴時，會使用類固醇或免疫抑制劑，來壓制患者自身的免疫反應。但類固醇就像雙面刃，一不小心也可能造成自身傷害，投藥有時候並不是那麼好拿捏。

　　什麼樣的人容易從輕症轉變成重症？常見的情況是自體免疫能力失調的人，例如老人、小孩、HIV、化療、癌症、營養不良患者等，當人體患有長期的疾病問題，會造成免疫力下降。但有些可逆，例如營養不良，若補充多些營養，免疫力就會復原；但像換腎者，則屬於不可逆，是一種永久的免疫缺損。

　　若一個確診患者是一個完全健康、沒有任何高風險因子，病況也很輕時，一般會以支持性療法來治療，有時甚至不需給藥，最多補充一點營養，因為患者可以靠自己的免疫系統打敗病毒。

　　COVID-19 之所以成為影響人類生活甚鉅的疾病，是因為其傳染力高，且多數確診者都是無症狀或輕症。如果COVID-19 能有有效的藥物，不管是針對輕症病患控制其不轉為重症，或者針對重症的治療藥物，只要能避免死亡，那麼就

算病毒在全世界流竄、不斷散播，也就當作另一種流感來共存。

身體文化 176

30個不可不知的細胞免疫處方箋：
全面了解細胞、免疫、病毒相關知識，當個聰明的病人

編　　著—王泰允
圖表提供—王泰允
責任編輯—陳萱宇
主　　編—謝翠鈺
行銷企劃—陳玟利
封面設計—陳文德
美術編輯—菩薩蠻數位文化有限公司

董 事 長—趙政岷
出 版 者—時報文化出版企業股份有限公司
　　　　　108019 台北市和平西路三段二四〇號七樓
　　　　　發行專線—（〇二）二三〇六六八四二
　　　　　讀者服務專線—〇八〇〇二三一七〇五
　　　　　　　　　　　（〇二）二三〇四七一〇三
　　　　　讀者服務傳真—（〇二）二三〇四六八五八
　　　　　郵撥——九三四四七二四時報文化出版公司
　　　　　信箱——〇八九九　台北華江橋郵局第九九信箱
時報悅讀網—http://www.readingtimes.com.tw
法律顧問—理律法律事務所 陳長文律師、李念祖律師
印　　刷—勁達印刷有限公司
初版一刷—二〇二三年一月十八日
定　　價—新台幣四八〇元
缺頁或破損的書，請寄回更換

30個不可不知的細胞免疫處方箋：全面了解細胞、免疫、
病毒相關知識,當個聰明的病人／王泰允編著. -- 初版. -- 台
北市：時報文化出版企業股份有限公司，2023.01
　　面；　公分. --（身體文化；176）
　ISBN 978-626-353-385-1（平裝）

1.CST：免疫學　2. CST：細胞學

369.85　　　　　　　　　　　　　　111021737

ISBN 978-626-353-385-1
Printed in Taiwan